超一流
自転車選手の愛用品

Supreme Products of Top Cyclists

仲沢隆・著

for tasty life
枻出版社

PROLOGUE

人には多かれ少なかれ、モノに対する「こだわり」があるものだ。
「鉛筆はステッドラーじゃなければいけない」とか
「プジョーのペッパーミルが好き」とか
「機械式時計はロレックスかもしれないけど、クォーツならセイコーでしょ」とか、
そういった類のこだわりは、誰にでもあるだろう。
あるいは、「モノに執着するのは俗人。僕はブランドとかまったく気にしないね」
というのだって、それはそれで立派なこだわりだと思う。
もちろん、自転車選手にも多かれ少なかれこだわりがあるのが普通だ。
プロの自転車選手の場合、契約メーカーの縛りがあるため、
基本的に供給されたモノ以外は使えない。しかし、もちろん例外もある。
使い慣れたサドルが契約外のモノだったりすると、
スポンサーの許可を得て使わせてもらうということもしばしば。
場合によっては、契約メーカー風に仕上げるため、
表革を張り直して使うなんていうこともある。
また契約メーカーの製品であっても、
新型が登場した後も使い慣れた旧型パーツを使い続けるということもよく見られる。
自転車レースは機材スポーツであるとはいえ、エンジンは生身の人間であるから、

身体に触れるパーツに関しては結構わがままが通ることが多いのだ。
ランス・アームストロング（アメリカ）がその典型的な例だった。
2000年代初め、サドルはサンマルコ・コンコールライト、
ペダルはシマノ・PD・7401、
ハンドルバーはデダ・215シャローと決まっていた。
とはいえ、わがままが通るのはあくまでも一流選手のみで、
半人前のアシスト選手が「俺は契約外のこれが使いたい」なんて主張したところで
「おまえには10年早い。そういうことはチャンピオンになってから言え」
と一笑に付されるのがオチ。つまり、こだわりのパーツが使えるというのは、
一流選手であるということの証明でもあるのだ。
本書は、そんな「一流選手のこだわりのパーツ」と
それにまつわる「ちょっとイイ話」をご紹介したものである。
最後になったが、早稲田大学人間科学学術院の蔵持不三也教授には、
ヨーロッパのスポーツ文化、民族文化に関して、数々のアドバイスをいただいた。
また、今回の書籍化にあたり、株式会社枻出版社の今坂純也氏と外山壮一氏には
色々と無理を聞いていただき、たいへんお世話になった。
ここにあらためてお礼を申し上げる次第である。

E PRODUCTS
for Top Cyclists

超一流自転車選手たちが愛した名品

サドル、ハンドル、ペダル……などなど、定番からキワモノまで、
超一流のロードレーサーたちが愛用したアイテムを厳選して紹介しよう。

No. 01
SELLE SAN MARCO CONCOR LIGHT

セッレサンマルコ・コンコールライト

ランス・アームストロング（アメリカ）、パオロ・ベッティーニ（イタリア）、アルベルト・コンタドール（スペイン）といった超一流選手に愛されたサドル。たとえ契約メーカーが変わっても、表革を張り替えてまで使い続けた

No. 02
SELLE ITALIA TURBO PRO TEAM '95

セッレイタリア・ターボプロチーム95

1991～95年にツール・ド・フランスを5連覇したミゲール・インドゥライン（スペイン）は、セッレイタリアの伝統的なモデル「ターボ」をずっと使い続けていた。そこでセッレイタリアは95年、インドゥラインのためにターボの現代版「ターボプロチーム95」を作った

No.01
No.43

SUPREM

No. 03

SELLE SAN MARCO
SQUADRA

セッレサンマルコ・スクアドラ

ヨハン・ムセーウ（ベルギー）はパリ〜ルーベやロンド・ファン・フラーンデレンといったパヴェ（石畳）のレースになると、いつもショック吸収性の高いセッレサンマルコ・スクアドラを使用した

No. 04

SELLE SAN MARCO
REGAL

セッレサンマルコ・リーガル

マリオ・チポッリーニ（イタリア）、トム・ボーネン（ベルギー）といった超一流選手に愛されたサドル。あまりの人気の高さゆえ、メーカーも廃盤にすることができず、発表から30年ほどたった現在も作り続けられている

No. 05

BONTRAGER
RACE XXX LITE
CARBON HANDLEBAR

ボントレガー・レースXXXライトカーボンハンドルバー

ランス・アームストロング（アメリカ）のために作られたハンドルバー。アナトミック形状とラウンド形状の良いところを組み合わせた「VR」という形状が特徴

No. 06

CAMPAGNOLO
C RECORD SEATPOST

カンパニョーロ・Cレコードシートポスト

空気抵抗を少しでも低減するために、エアロ形状を取り入れた製品

No. 07

3T
ADJUSTABLE STEM

3T・可変ステム

アヘッド式ステムは交換が簡単だが、昔のスレッド式ステムは交換が面倒だった。そこで、コースによりステム長を変えたい選手は、このような可変ステムを使用することがあった

No. 08

DEDA
215 SHALLOW

デダ・215シャロー

ランス・アームストロング（アメリカ）が2000年から2002年まで使い続けたラウンド形状のハンドルバー。機材の変更を極度に嫌うランスは、オーバーサイズのハンドルバーを決して使おうとしなかった

No. 09

BOSCHETTI
CRANK EXTENSION SYSTEM

ボスケッティ・クランク延長システム

踏力がかかる部分でクランク長が伸び、ヒルクライム等で楽にペダリングができるというコンセプトで製造されたイタリアの製品。プロ選手にもテストされたが、使用時のあまりの違和感により、メジャーになることはなかった

No. 10

TIME
IMPACT Ti
MAGNESIUM

タイム・インパクト
Tiマグネシウム

ヤン・ウルリッヒ（ドイツ）が愛したペダル。後継モデル「RXS」が出ても変えることはなく、さらに契約メーカーがシマノになってもこれを使い続けた

No. 11

SHIMANO
PD-7401

シマノ・クリップレスペダル
PD-7401

ランス・アームストロング（アメリカ）に愛されたペダルとしてあまりにも有名だ。デュラエースグレードながら、デュラエースのネーミングが使われていない

No. 14

MAVIC
430 SSC

**マヴィック・430
SSCブレーキアーチ**

イタリアのモドーロが製造を担当していた頃のマヴィックのブレーキアーチ。グレッグ・レモン（アメリカ）が1989年にツール・ド・フランスや世界選手権で優勝したときには、このブレーキアーチを使用していた

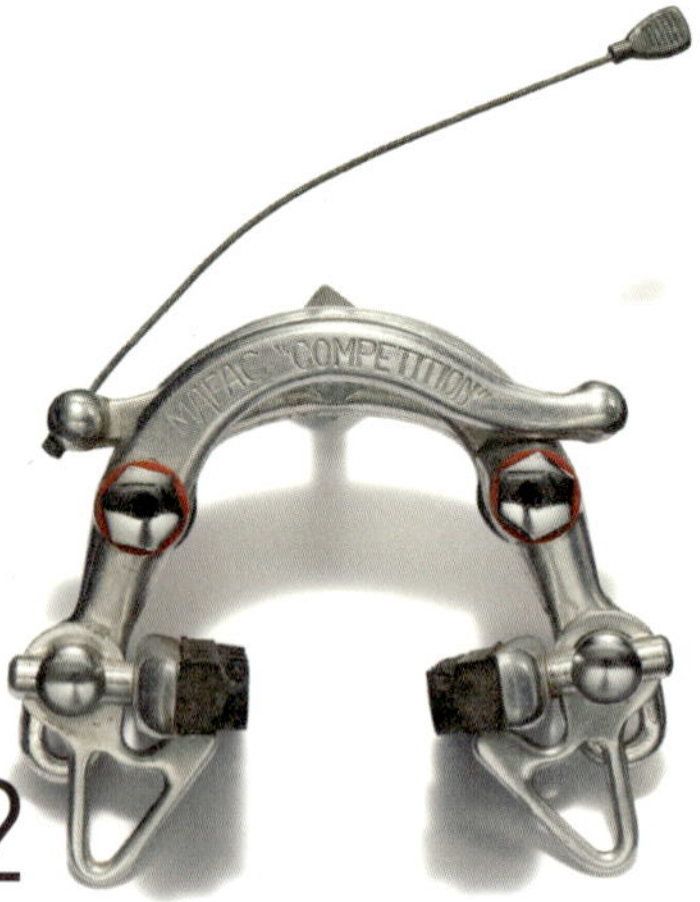

No. 12

MAFAC
COMPETITION

マファック・コンペティション

1975、77年のツール・ド・フランスの覇者ベルナール・テヴネ（フランス）が愛したブレーキアーチ。センタープル式で制動力が高く、引きが軽いのが特長だった。これは旧型の刻印モデルだ

No. 15

SHIMANO
DURA-ACE AX BRAKE CALIPER

**シマノ・デュラエースax
ブレーキアーチ**

エアロコンセプトを取り入れ、前面投影面積を小さくしたブレーキアーチ。カンパニョーロ・Cレコードのアイデアソースになったと言われている。ランス・アームストロング（アメリカ）がタイムトライアルバイクで使用したことでも有名だ

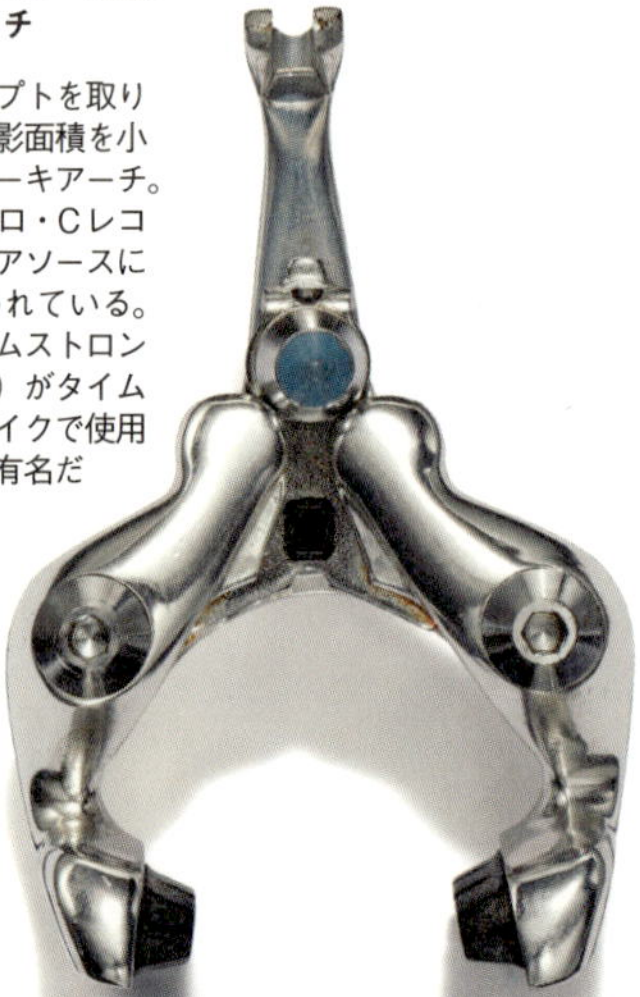

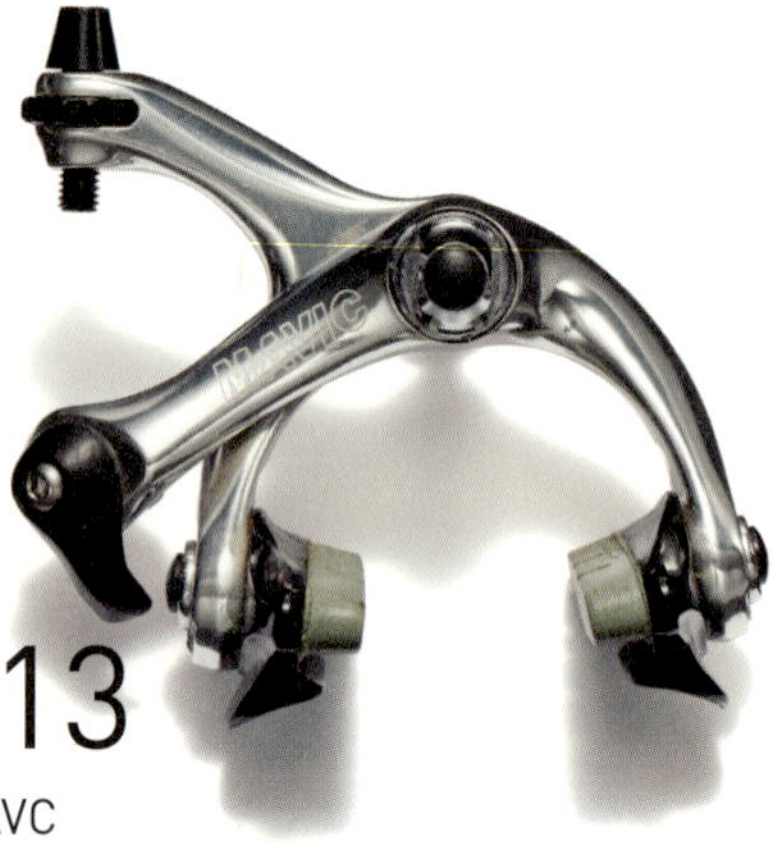

No. 13

MAVC
451

マヴィック・451ブレーキアーチ

もともとリムメーカーであるマヴィックは、コンポーネントを作るにあたって色々な専門メーカーに協力を乞うこととなった。当初、ブレーキはイタリアのモドーロが製造を担当していたが、後に日本のヨシガイ（ダイヤコンペ）が製造を担当した。この451ブレーキアーチは、ダイヤコンペ・BRS500がベースとなっている

No. 16

CAMPAGNOLO RECORD BRAKE CALIPER

カンパニョーロ・レコードブレーキアーチ

現代のサイドプル式ブレーキアーチの源流とも言えるモデル

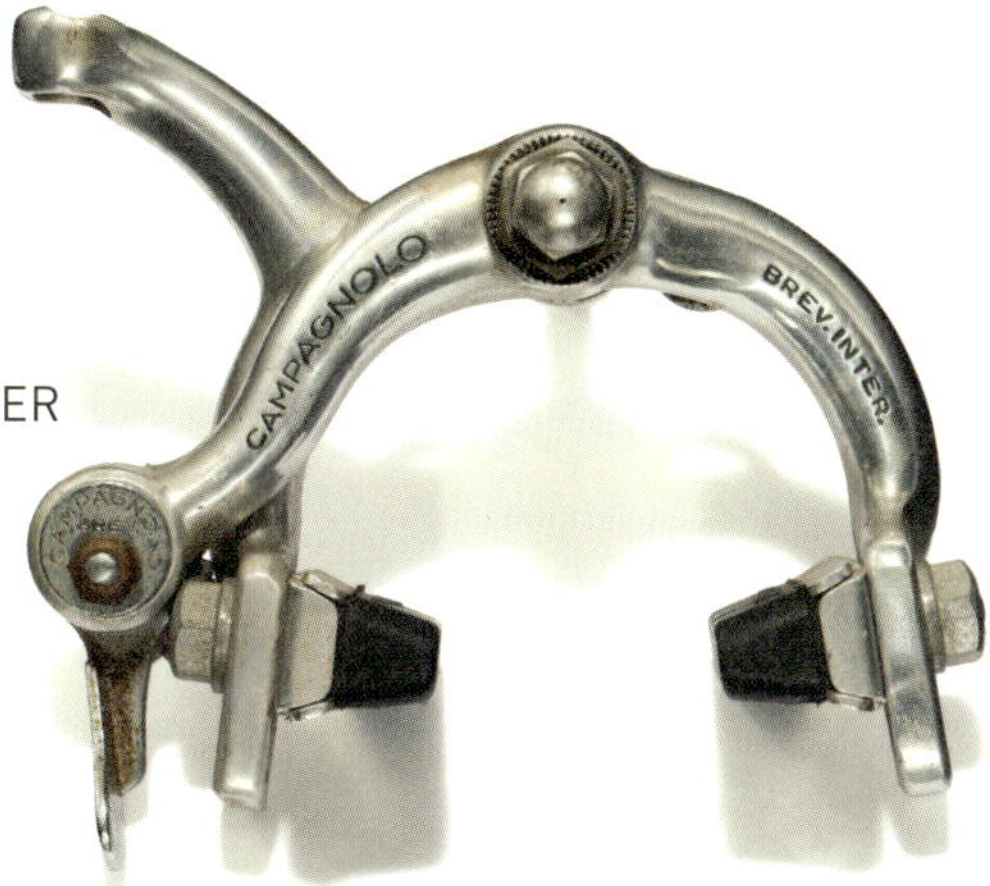

No. 17

MAVIC 860 FRONT DERAILLEUR

マヴィック・860フロントディレイラー

グレッグ・レモン（アメリカ）が1989年のツール・ド・フランスと世界選手権で優勝したときに使用していたモデル

No. 18

CAMPAGNOLO SUPER RECORD FRONT DERAILLEUR

カンパニョーロ・スーパーレコード

スーパーレコードの最後期のモデル。羽根に穴が開き、本体がブラックアルマイトとなった。ベルナール・イノー（フランス）が1985年のツール・ド・フランスで優勝したときに使用していたのはこのモデルだ

No. 19

MAVIC
840 REAR DERAILLEUR

マヴィック・840リヤディレイラー

当初、縦型メカを展開していたマヴィックだが、1992年にこの横型メカ・840をリリース。RMOやオンセ、ガンなどのチームに使われたが、シマノSTIとカンパニョーロ・エルゴパワーには勝てず、1999年にコンポーネントから撤退した

No. 20

SIMPLEX
SUPER LJ

サンプレックス・スーパーLJ

1975、77年のツール・ド・フランスで優勝したベルナール・テヴネ（フランス）を始め、プジョーチームが使用したフランスのリヤディレイラー。国策という意味合いもあってプジョーチームはフランス部品を使用していたが、その甲斐もなくサンプレックス社は80年代に倒産した

No. 21

CAMPAGNOLO
SUPER RECORD
REAR DERAILLEUR

カンパニョーロ・
スーパーレコード

1970年代後半のモデル。
上下のピボットボルトは
チタニウム製だ

No. 22

CAMPAGNOLO RECORD W LEVER

カンパニョーロ・レコード

1950年代から80年代まで、ほとんど変わらずに使用され続けたカンパニョーロのシフター。その完成度の高さは、驚愕に値する

No. 24

MAVIC 501 HUB

マヴィック・501ハブ

マヴィックのハブはシールドベアリングを採用し、軽い回転を誇る製品だった。ショーン・ケリー（アイルランド）がクラシックレースを制しまくったときに使用していたのもこのハブだ

No. 23

CAMPAGNOLO SUPER RECORD REAR DERAILLEUR

カンパニョーロ・スーパーレコード

1980年代のモデル。基本的な構造は50年代のグランスポルトからあまり変わっておらず、トゥーリオ・カンパニョーロの色あせない設計思想に驚かされる

No. 25

TA ALIZE CHAIN RING

TA・アリゼ　チェーンリング

1996～2000年頃に一世を風靡したTAのカラーアルマイトチェーンリング。歯数が豊富にあり、選手たちに重宝された

No. 26

SHIMANO
DURA-ACE FC-7410 CRANK

シマノ・デュラエース
FC-7410

シマノが1993年にリリースしたモデル。ロープロファイル化されたフォルムがウリだったが、プロ選手の評価はあまり高くなかった。しかし、ヨハン・ムセーウ（ベルギー）やアンドレア・ターフィ（イタリア）など、新型のFC-7700がリリースされた後もあえてこのクランクを使用する選手もいた

No. 27

CAMPAGNOLO
RECORD CRANK

カンパニョーロ・レコード

2003年、カーボンクランクがリリースされる以前のアルミのクランク。カンパニョーロのアルミは硬く、カーボンクランクがリリースされた後も、しばらくこれを使う選手もいた

No. 28

CAMPAGNOLO
C RECORD CRANK

カンパニョーロ・Cレコード

1996年、クランクがロープロファイル化されたとき、クランク長が170㎜、172.5㎜、175㎜の3種しか準備されなかったため、177.5㎜や180㎜を使う選手はこの旧モデルのCレコードを使い続けた

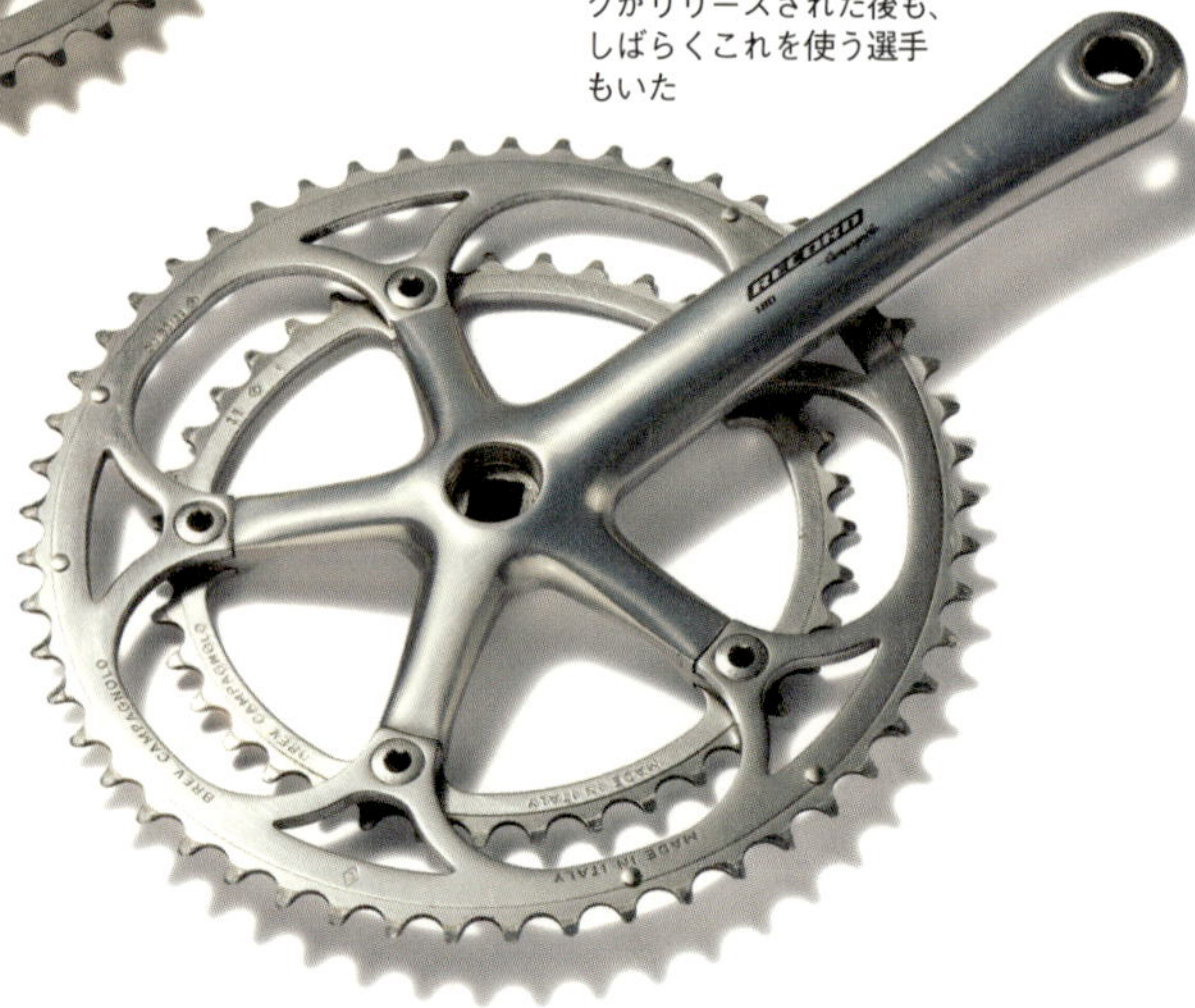

No. 29

LAZER
HELMET (MAPEI QUICKSTEP)

レーザーのヘルメット

パオロ・ベッティーニ(イタリア)は、2000年に後継モデル「ミレニアム」がリリースされた後も、しばらくこの旧モデルを使い続けた

No. 30

BRIKO
LUCIFER

ブリコ・ルシファー

最強スプリンター、アレッサンドロ・ペタッキ(イタリア)がファッサボルトロ時代に使用していたモデル

No.32

BANESTO TEAM JERSEY

バネストのジャージ

ミゲール・インドゥラインが所属していたことで有名なスペインの名門チーム「バネスト」のジャージ。これはインドゥラインが引退する1996年のモデルだ。製造はイタリアのナリーニ社

No.31

GAN MERCIER TEAM JERSEY

ガン・メルシェのウールジャージ

レイモン・プリドール（フランス）やヨープ・ズートメルク（オランダ）が在籍したフランスの名門チームのジャージ

No.33

PEUGEOT TEAM JERSEY

プジョーのジャージ

フランスの名門チーム「プジョー」のジャージ。これは素材がポリエステルになった1996年のモデルだ。製造はイタリアのサンティーニ社

No.34

ADR TEAM JERSEY

ADRのジャージ

グレッグ・レモン（アメリカ）が1989年のツール・ド・フランス優勝時に着たモデル。シャンゼリゼの最終ステージで、ローラン・フィニョン（フランス）をわずか8秒逆転して優勝を決めた

No.35

BANESTO TEAM RACING GLOVE

バネストのレーシンググローブ

90年代から2000年代にかけてのスペインの名門チーム「バネスト」のレーシンググローブである。ミゲール・インドゥライン（スペイン）も、もちろんこれを使用した。製造はイタリアのナリーニ社

No.38

BELGIUM NATIONAL CYCLING TEAM JERSEY 90s

ベルギーの
ナショナルチームジャージ

ベルギーチャンピオンジャージは国旗にある黒×黄×赤の3色だが、ナショナルチームジャージは青地にその3色のラインが入る。これは90年代のモデルである

No.37

ITALY NATIONAL CYCLING TEAM JERSEY

イタリアの
ナショナルチームジャージ

イタリアのナショナルチームジャージ「マリア・アッズーロ（青いジャージ）」だ。毎年デザインが変わっていて、これはカステリ社が製造を担当していた1996年のモデルである

No.36

BELGIUM NATIONAL CYCLING TEAM JERSEY 70s

ベルギーナショナルチームの
ウールジャージ

1970年代のウール製ジャージである。蒸し暑い日本の夏にはまったく向いてないが、乾燥したヨーロッパではこの手のウールジャージが夏でも心地よい。しかし、合成繊維の攻撃には屈さざるを得なくなり、現在ではほぼ絶滅状態になった

No.41

NIKE MAILLOT BLANC A POIS ROUGES

ナイキ製のマイヨ・ブラン・
ア・ポワ・ルージュ

ツール・ド・フランスで山岳ポイントトップの選手が着るマイヨ・ブラン・ア・ポワ・ルージュである。略して「マイヨ・ア・ポワ」。あるいは「マイヨグランペール（山岳賞ジャージ）」とも呼ばれる。クライマーにとって、最も栄誉あるジャージだ

No.40

USA NATIONAL CYCLING TEAM JERSEY 90s

アメリカのナショナル
チームジャージ

アメリカのナショナルチームジャージは、国旗のスターズ＆ストライプスがデザインされる。これは90年代のモデルでグレッグ・レモンらが着た

No.39

NIKE MAILLOT JAUNE

ナイキ製のマイヨジョーヌ

ツール・ド・フランスのリーダージャージ「マイヨジョーヌ」は、年代によって製造メーカーが異なる。1997～2011年には、アメリカのナイキ社が制作を担当した。これはマルコ・パンターニ（イタリア）が優勝した1998年のモデルだ

No. 42

SIDI
GENIUS 2

シディ・ジーニアス2

ミゲール・インドゥライン（スペイン）やトニー・ロミンガー（スイス）などが使用したモデル。シディのシューズはその柔らかいフィット感ゆえ、多くの選手に愛され続けている

No. 43

VITTORIA
LEATHER SHOES

ヴィットリア・革製シューズ

今では絶滅状態になってしまった革製の穴あきシューズだが、1980年代初頭まではこれが一般的なスタイルだった。ベルクロ式の新製品になかなか馴染めない選手のなかには、90年代初頭までこの手のシューズを使う者がいた

CONTENTS (1/2)

CONTENTS (2/2)

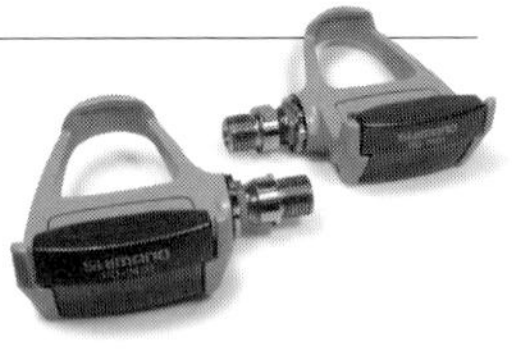

※本書は月刊誌「バイシクルクラブ」で、2010年2月号から2013年9月号に連載された記事を再構成し、加筆・修正してまとめたものです。
※内容はすべて2013年7月8日現在のものです。

装丁・本文デザイン／大村裕文、水野文子、黒川美怜、城戸口ゆう子、佐々木綾香

SADDLE, SEAT POST

CHAPTER: 1

Name

Miguel Indurain

ミゲル・インドゥライン（スペイン）

Debut	Retirement
1984	1997

Item

SELLE ITALIA
TURBO

1991～95年にツール・ド・フランスで5連覇したバスクの英雄ミゲル・インドゥラインは、
機材の変化を極端に嫌う選手だった。アマチュア時代からずっと使い続けたサドルを、
かたくなに変えなかったことで有名である。

Supreme Products of
Top Cyclists

#01
Miguel Indurain

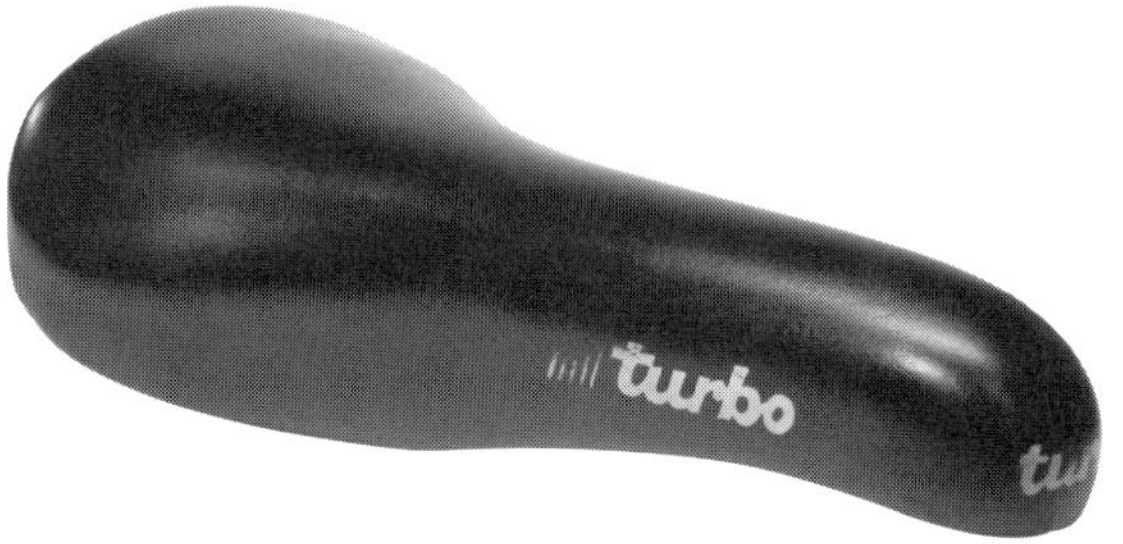

ツール・ド・フランス
5連覇の影の立て役者

セッレイタリアが1980年の創業時に発売した製品。初めて解剖学的な理論を取り入れたサドルで、その座り心地の良さから多くの選手に支持された。ベルナール・イノーもその一人。インドゥラインはイノーの真似をしてターボを使い始め、プロ生活のほとんどをこのサドルとともに過ごした

バスクが生んだスポーツの英雄

ミゲル・インドゥラインは1964年7月16日、スペイン・ナバラ自治州の州都パンプローナ郊外の町・ビリャバに生まれた。民族的にインドゥラインはバスク人に属し、今でもバスク出身のスポーツ選手としては最も有名な人物として知られている。日本の自転車雑誌では「ミゲール・インデュライン」と表記されることが多いが、現地での読み方は「ミゲル・インドゥライン」に近い。ミゲルには3人の姉妹と1人の弟がいる。その弟・プルデンシオもかつてプロ選手で、ミゲルと同じチーム（バネスト）で走っていた。

ミゲルと競技用自転車との出会いは10歳のときであった。彼の10歳の誕生日に、父が中古の緑色のオルモをプレゼントしたのである。しかし、その自転車は11歳のときに盗まれてしまう。どうしても競技用自転車が欲しかったミゲルは、父とともに畑へ出て働き、ついには新車を手に入れたという逸話が残っている。ミゲルは自転車と並行してランニング、やり投げ、バスケ

ットボール、サッカーなどに親しんでいた。しかし、最終的には自転車競技一本に絞り、地元のクラブチーム「CCビリャバス」に所属する。78年に初めてレースに参加し、2位でゴール。そして、2度目のレースで初優勝すると、それ以後は完全に自転車レースにのめり込み、毎週レースに参加するようになった。18歳のときには、スペインのアマチュアチャンピオンとなったが、これは最年少記録として今も破られていない。この当時のミゲルのヒーローは、ベルナール・イノーであったという。

84年、ロサンゼルス五輪をスペイン代表として走ったミゲルは、直後の9月、バネストの前身であるレイノルズからプロデビューする。そして、デビューからわずか1週間後にはツール・ド・ラブニールのタイムトライアルステージで優勝を果たしている。さらに翌85年のブエルタ・ア・エスパーニャではプロローグで2位となり、その後のステージでリーダージャージを着るという新人らしからぬ離れ業を演じている。しかし、当時ミゲルはまだアシスト選手に過ぎなかった。

88年のツールでは、エースであるペドロ・デルガドのアシストに徹し、彼の総合優勝に大きく貢献。これが監督に認められ、ミゲルは次第に「第2エース」として走ることを許されるようになった。ミゲルに転機が訪れたのは91年のことだ。この年のツールもデルガドがエースだったが、いざスタートしてみるとミゲルがあまりにも調子が良かったため、デルガド自らが監督にミゲルへのエースの交代を申し出たのである。自分がエースとなると、ミゲルは水を得た魚のごとく活躍。見事、ツール初制覇を成し遂げたのである。その後ミゲルは95年までツール5連覇を達成し、アンクティルやメルクス、イノーといったレジェンドたちと肩を並べたのであった。

機材に対しては保守的だったミゲル

そんなミゲルがアマチュア時代から一貫して使い続けたサドルが、セッレイタリアの名作「ターボ」である。セッレイタリアが80年に創業したときからラインナップされていた主力商品で、当時はクルマのターボ（過給器）が流行っていたため、それにあやかりこのような製品名となった。何とも安直なネーミングであるが、解剖学的手法を初めてサドルに取り入れた製品自身はとても素晴らしく、イノーもルノー・ジタン時代にはずっとこれを愛用していた。イノーに憧れていたミゲルが自分の使うサドルにターボを選んだのは、ある意味当然のことだったと言えるだろう。

ミゲルのペダリングは早くから完成されていた。それゆえ彼は、ポジションの微妙な変化も極端に嫌ったという。そのため、プロ入り以来ずっと同じスケルトンのフレームに乗り続け、サドルはターボ、ハンドルバーはＩＴＭ・プロのパヴェという深曲がりモデル、ペダルはタイム・エキッププロマグネシウム、シューズはシディと決まっていた。こういったこだわりは、後の１９９９～２００５年にツールを7連覇したランス・アームストロングとも共通していて興味深い。ランスもサドルはセッレサンマルコのコンコールライト、ハンドルバーはデダ・２１５シャロー、ペダルはシマノのＰＤ‐７４０２、シューズはナイキにこだわった選手としてあまりにも有名だ。

新製品が出るたびに、あれこれと試してみては「あれが良い。いや、あれはダメだ」なんて言っているうちは、ミゲルやランスのような境地にはたどり着けないのかもしれない。その前にしっかりとペダリングを完成させることのほうがはるかに重要だということなのだろう。

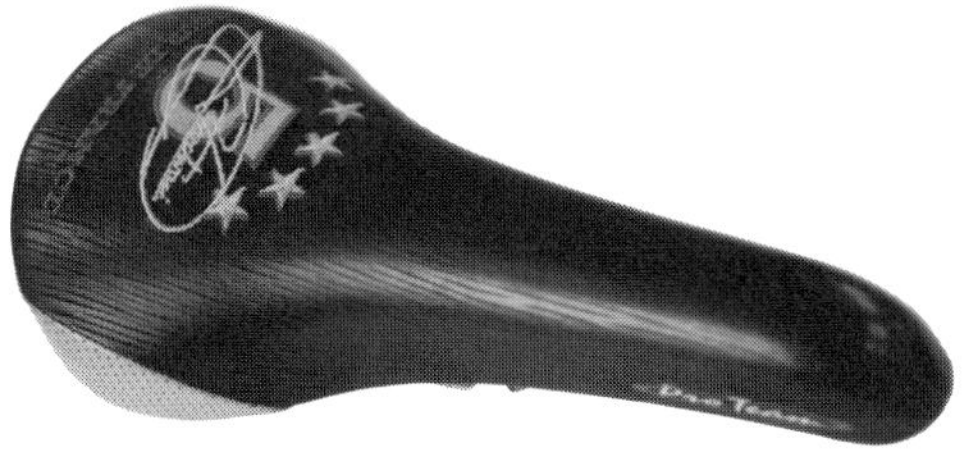

ターボプロチーム95。インドゥラインが旧型のターボを使い続けたため、セッレイタリアが彼のために95年に作り上げた軽量モデルだ

Name

Tom Boonen

トム・ボーネン（ベルギー）

Debut	Retirement
1997	Active Player

Item

Selle San marco

REGAL

ベルギーのスーパースター、
トム・ボーネンはアマチュア時代からリーガルを使い続けている。

#02
Tom Boonen

自転車大国ベルギーで人気ナンバーワン

トム・ボーネンは１９８０年10月15日、ベルギー・アントウェルペン（アントワープ）州の小さな町・モルに生まれた。トム少年はＭＴＢが好きで、近くの野山やパヴェ（石畳）を日が暮れるまで走り回っていたという。プロ選手になった今でも「趣味はＭＴＢとシクロクロス」というほどボーネンは根っからの自転車好きであるが、その下地はすでに少年時代にでき上がっていたというわけだ。

ボーネンは17歳のときに本格的に自転車競技を始め、ベルギーのジュニアカテゴリーへ参加するようになる。参戦初年の97年に7勝を記録すると、翌98年には9勝を挙げるという非凡さを見せ、注目を集めるようになった。エスポワールカテゴリーに上がった99年には1勝にとどまったものの、翌2０００年には8勝、01年には10勝を記録してベルギーのエスポワールチャンピオンになった。

そんな才能あふれる青年をプロのスカウトたちが放っておくわけがない。色々なチームからのオファーがあったが、結局ボーネンが選んだのはヨハン・ブリュイネール監督率いるＵＳポスタルだった。02年にボーネンはＵＳポスタル入りし、パリ〜ルーベ3位という衝撃のデビューを飾ったのである。しかし、念願だったツール・ド・フランスのメンバーには選ばれず、ボーネンとブリュイネールの仲はギクシャクしてしまうこととなる。

翌03年、ボーネンはわずか1年でＵＳポスタルを離れ、新生チーム・クイックステップへ移籍する。この年は怪我の影響などで目立った成績がなかったものの、04年にその才能が一気に開花した。ヘント〜ウェヴェルヘムで優勝すると、ツール・ド・フランスではステージ2勝を果たし、年間通算24

**抜群のホールド感をもつ
天才ライダーの愛用サドル**

コンコール、ロールスに続くセッレサンマルコ3番目のヒット作。発表は1986年だった。以来、何度も製造中止の噂が流れたが、このサドルを熱烈に信奉するプロ選手や一般ユーザーからの反対を受けて、24年間も作り続けられてきた。まさに定番中の定番サドルだ

勝を記録したのである。

さらに、05年にはベルギーの選手なら誰もが勝利を夢見るロンド・ファン・フラーンデレンとパリ〜ルーベを両方とも制覇する。前年、フラーンデレン（英語でフランダース、フランス語でフランドル）の英雄ヨハン・ムセーウが引退したばかりで、ヒーロー不在と思われていたベルギーだったが、早くも新しいヒーローが誕生したのであった。

ボーネンの勢いはとどまるところを知らなかった。同年9月にマドリッドで行われた世界選をも制覇したのである。ベルギーのワンデーレースのスペシャリストとして、同じ年にロンド・ファン・フラーンデレン、パリ〜ルーベ、世界選を制するというのは、これ以上ないリザルトといっても過言ではないだろう。

その後も06年にはロンド・ファン・フラーンデレンを制し、07年にはツールでステージ2勝を果たす。そして08年、09年とパリ〜ルーベを連覇し、先輩のムセーウにならぶ通算3勝を記録した。

ベルギーでのボーネンの人気は半端ではない。レースのコース周辺でベルギーの女性ファンに「どの選手が好き?」と聞くと、10人中9人くらいから「もちろんトムに決まってるじゃない」という答えが返ってくる。「だってキュートだもん」というのがその理由。選手であるから、強くなければ人気がでないのは当たり前だが、ヒーローになるためには同時にルックスも重要なんだと痛感させられる。強かったのに女性ファンにあまり人気のなかったペテル・ファンペテヘムがちょっとかわいそうになった。

あまりの人気ぶりでベルギーにいては集中して練習できないということから、ボーネンはモナコに居を移したくらいだ。もちろん、税金対策という意味も大きいだろうが……。

2006年12月、トレーニングキャンプ中にインタビューに応じてくれたボーネン。スーパースターなのに偉そうな態度をとることもなく、一問一問丁寧に答えてくれたのが印象的だった

アマチュア時代から一貫してリーガルを使用

さて、そんなボーネンが愛用するサドルは、アマチュア時代から一貫してセッレサンマルコ・リーガルだ。リーガルの愛用者と言えば、何といっても最強のスプリンターのマリオ・チポッリーニが有名だが、ボーネンもチポッリーニに負けず劣らずリーガルを熱愛している。

ボーネンがプロ入りして最初に所属したUSポスタルは、契約サドルがセッレサンマルコだったので、何ら問題なくリーガルを使うことができた。しかし、2003年にクイックステップに移籍してからは契約サドルがライバルのセッレイタリアになったため、堂々と使うことができなくなってしまった。一介のアシスト選手なら有無を言わせず契約サドルを使わされるところなのだが、ボーネンはすでにエース級の扱いだったので「リーガルでなければイヤ」というわがままも効く。結局、ボーネンはクイックステップに移籍してからも、ずっとリーガルを使い続けられることとなった。

こういうときによく使われるのが、サドルの表皮を張り替えて、契約サドル風に仕立てるという手法だ。リーガルの特徴であるサドル後方の大きな鋲を取り外し、セッレイタリアのマークが入った皮に張り替えて、「セッレイタリア風リーガル」に仕立てるわけである。こんな作業をやらされるセッレイタリアの職人もかわいそうであるが、相手が天下のスーパースター、トム・ボーネンであるから文句も言えない。

チポッリーニもよくその手法を用いていたが、現役選手ではチームメイトのステイン・デヴォルデルがやはりリーガルを愛用しており、ボーネンと同じように表皮を張り替えている。最近はセッレイタリアも半ば諦めたのか、何のマークも入っていない無地の皮を張ってボーネンやデヴォルデルに供給していることが多い。さながら「サドルの無印良品」といった風情だが、逆にそれが目立ってしまい、我々マニアックなジャーナリストの取材の餌食となってしまうわけである。

Name

Johan Museeuw

ヨハン・ムセーウ（ベルギー）

Debut **1988** Retirement **2004**

Item

SELLE SAN MARCO
SQUADRA HDP

1990年代から2000年代にかけてはヨハン・ムセーウが
最強のクラシックハンターとして君臨していた。
そんな彼が愛用したサドルがセッレサンマルコのスクアドラHDPだ。

Supreme Products of
Top Cyclists

#03
Johan Museeuw

フラーンデレンのライオン

ベルギーのフラマン語圏であるフラーンデレン地方は、世界一自転車競技が盛んな地域として知られている。何しろ、自転車競技が国技になってしまうほどの熱狂ぶりなのだから、その人気の度合いはアメリカにおけるアメリカンフットボールやベースボール、バスケットボール、あるいは日本における野球をもはるかに凌駕している。特に4月に行われる地元最大のレース「ロンド・ファン・フラーンデレン」は、もはや自転車レースの枠を通り越して、この地域最大の祝祭となっている。フラーンデレン地域に住む人の7割がこのレースを観戦すると聞けば、その人気の度合いがわかるだろう。観客は皆、歌い踊り、レースが来るのを今か今かと待つ。まさに「ハレ」の様相を呈するのだ。

ヨハン・ムセーウは1965年10月13日、ベルギー・西フラーンデレン地方のファルゼナーレに生まれた。父のエディもプロサイクリストだったが、大した活躍もしないまま、たった2年で引退した無名の選手だった。エディの夢は、地元の選手なら誰もが夢を見るロンド・ファン・フラーンデレンの制覇だった。エディは自分がなし得なかった夢を息子のヨハンに託し、小さいときから自転車競技を始めさせた。「トンビが鷹を生む」とはよく言ったものである。ヨハンはみるみるうちに頭角を現すようになり、82年にはシクロクロス国内選手権で2位となっている。85年はムセーウがアマチュアとしてブレークした年で、シクロクロス国内選手権優勝を含む重要レース5勝を記録した。

そんな実績が買われ、ムセーウは88年に22歳でADR

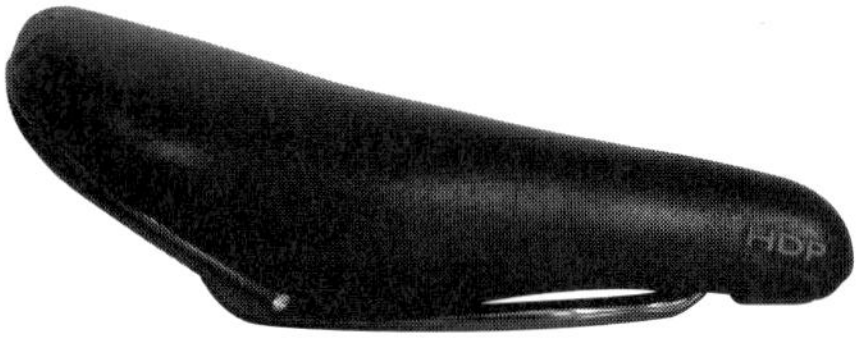

ショック吸収性抜群!
ポリマー内蔵サドル

セッレイタリアと並ぶイタリアのサドルメーカーの雄「セッレサンマルコ」が90年代にリリースしたサドル。デュポン社が開発したサーモポリマー「ハイトレル」を内蔵しており、抜群のショック吸収性を誇った。HDPは「Hytrel Du Pont」の略。すでに製造中止となっているが、再発売を望む人も多いのではないか?

からプロデビューを果たす。あまり知られていないが、89年にはグレッグ・レモンのアシストとしてツールを走っており、レモンの奇跡的な逆転優勝にも貢献している。90年、ロットに移籍するとムセーウの才能は一気に開花した。春先のいくつかのレースで勝利を収めると、ツール・ド・フランスではシャンゼリゼを含む2つのステージで優勝を果たしたのである。しかし、ムセーウの目標はあくまでも地元最大の祝祭「ロンド・ファン・フラーンデレン」とワンデーレーサーなら誰もが勝利を夢見るクラシックの女王「パリ〜ルーベ」だった。もともとシクロクロスで育った選手だけに、パヴェ（石畳）におけるバイクコントロールのセンスが抜群だったということもこのことに影響している。

　93年、ムセーウはエース待遇でGB・MGへ移籍する。そして、万全の体制を整えて念願だったロンド・ファン・フラーンデレンとパリ〜トゥールを初制覇。94年には最強チーム「マペイ」に移籍し、アムステル・ゴールドレースなどを制すると、翌95年には2度目のロンド制覇やチューリッヒ選手権初制覇を達成する。そして、96年にはパリ〜ルーベを初制覇するとともに世界選をも制し、文字どおりクラシックハンターとして不動の地位を確立したのだった。その後も98年のロンド・ファン・フラーンデレン、２０００年、02年のパリ〜ルーベも制している。

　普段はおとなしく我慢強い典型的なフラマン人のムセーウだが、ひとたびレースとなると闘志むき出しの走りを見せ、次々とクラシックレースを制していった。そんな彼に名付けられた愛称は「フラーンデレンのライオン」。フラーンデレン地域の旗が黄色の地にライオン（獅子）の絵が描かれているのはご存じだろう。フラーンデレンの地域歌も１３００年代から歌い継がれる「フラーンデレンの

現在、ムセーウがプロデュースする「ムセーウバイクス」も、フラックスファイバーを用いてショック吸収性にこだわる

彼がフラマン人たちから愛され、尊敬されていたかがわかるだろう。いかに獅子」だ。つまり、ムセーウに与えられた愛称は、フラマン人として最高の称号であるのだ。

パヴェのレースの頼もしい相棒

プロの自転車選手には、多かれ少なかれサドルに対するこだわりがあるものだ。ムセーウはマリオ・チポッリーニと同じくサンマルコ・リーガルの信奉者だった。しかし、チポッリーニがあらゆるレースでリーガルを使っていたのに対して、ムセーウはロンド・ファン・フラーンデレンやパリ〜ルーベといったパヴェのレースとなると、決まってサドルをチェンジしていた。それが、ここに紹介するサンマルコ・スクアドラＨＤＰである。スクアドラＨＤＰは究極のショック吸収性を目指して作られたサドルで、デュポン社が開発したサーモポリマー（熱可塑性ポリマー）「ハイトレル」を内蔵しているのが特徴だ。ＨＤＰは「ハイトレル・デュポン」の略である。ムセーウは大トルクでパヴェの激坂をグイグイ登る力強さを見せる反面、バイクの乗り心地には人一倍気を遣っていたのだ。

どちらかというと、ムセーウはバイクに対して強いこだわりをもつタイプではなかった。もちろん、96年の世界選でライトウェイトのホイールを使うなど、ここ一番というときには契約外の製品を使うこともあったが、普段はスポンサーに与えられたバイクを素直に使っていたほうだ。しかしサドルだけは別で、２００１年にファルムフリッツに移籍し、契約サドルがセッレイタリアになってからも、パヴェのレースだけはスクアドラＨＤＰを使い続けていた。まあ、それだけパヴェのレース、とりわけロンド・ファン・フラーンデレンとパリ〜ルーベにかける意気込みが違っていたということの証左でもあるのだろう。

Name
Alberto Contador
アルベルト・コンタドール（スペイン）

Debut 2003 | Retirement Active Player

Item
Selle San marco
Concor Light

アルベルト・コンタドールは、
歴史上5人しかいないグランツール完全制覇者の一人。
彼が愛するサドルが、セッレサンマルコの名作コンコールライトである。

Supreme Products of
Top Cyclists

#04
Alberto Contador

波乱の自転車人生。生死の境も彷徨う

アルベルト・コンタドールは1982年12月6日、スペイン・マドリードに生まれた。多くのスペインの少年がそうであるように、コンタドールも小さい頃はサッカー選手を夢見た。しかし、兄の影響を受けて年頃になると自転車競技を始めるようになる。

コンタドールの才能は非凡だった。競技を始めてわずか数年でめきめきと頭角を現すようになり、2002年には多くの強豪選手を押しのけてスペイン選手権U・23個人タイムトライアルで優勝したのである。これをみたオンセのマノロ・サイツ監督から声がかかり、翌03年に同チームからプロデビューを果たす。そして、ツール・ド・ポローニュでいきなりステージ優勝すると、ブエルタ・ア・カスティーリャ・レオンでは総合4位に食い込んだのである。この新人とは思えぬ活躍ぶりによって、コンタドールには順風満帆な自転車人生が約束されたかに思われた。しかし、プロ2年目の04年に大きな試練が訪れる。5月に行われたアストゥリアス一周レースの第1ステージで突然意識を失って落車したのである。緊急搬送された病院で調べてみると、多孔性欠陥腫という脳の病気であることがわかった。コンタドールは脳に爆弾を抱えていたのだ。ただちに頭蓋骨を開いて脳の緊急手術が行われ、生死の境を彷徨うこととなる。一時は重体にも陥ったコンタドールだったが、驚異の回復力により半年間で退院することができた。この入院期間中、ランス・アームストロングの「ただマイヨ・ジョーヌのためでなく」を読んで勇気づけられたというのは有名な話だ。

ランス、ベッティーニら、超一流選手に愛される傑作

名作コンコールの軽量版として誕生したサドルだ。発表は1992年。かれこれ20年近くになるロングセラーモデルだが、ランス・アームストロングやパオロ・ベッティーニなど、多くの有名選手に愛され続けている

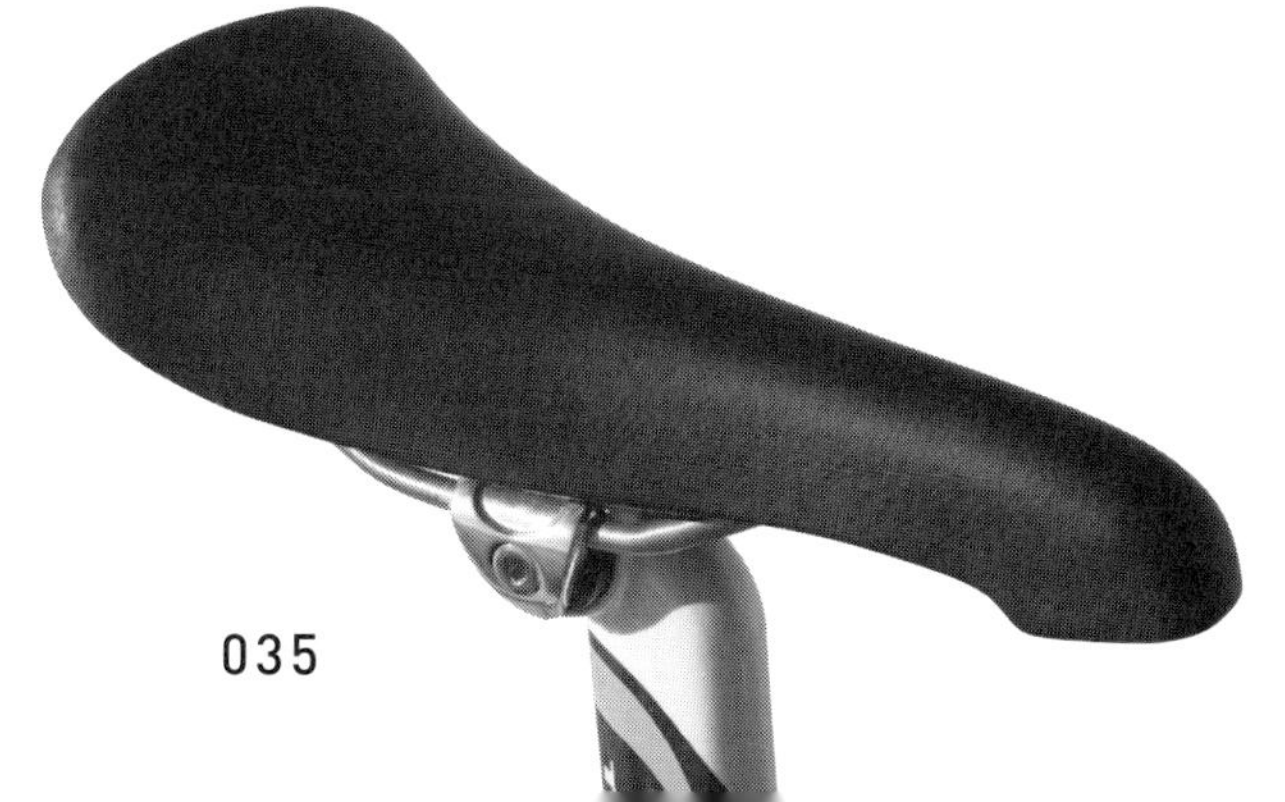

これだけ大きな病気をした選手でありながら、翌05年のコンタドールの活躍は目を見張るものだった。1月のツアー・ダウンアンダーでステージ優勝すると、3月のセトマナ・カタラナ（カタロニア週間レース）で総合優勝を果したのである。続くバスク一周レースで総合4位、ツール・ド・ロマンディでもステージ優勝を含む総合4位でフィニッシュした。そして、ツール・ド・フランスでは総合31位という健闘をみせた。

06年にも活躍を続けたコンタドールだったが、ブルゴス一周レースの第4ステージ終了後に再び失神して倒れてしまった。多孔性血管腫の後遺症が出たのである。結局この後レースに出ることはなく、06シーズンを終えてしまった。この年限りで所属していたリバティセグロスは解散。コンタドールは路頭に迷うこととなった。

そんなコンタドールを救ったのが、ディスカバリーチャンネルのヨハン・ブリュイネール監督だった。ランス・アームストロングの引退により新たなエースを探していたブリュイネールは、コンタドールに大きな可能性を感じていたのだ。ブリュイネールの読みは正しかった。春先のパリ〜ニースで総合優勝すると、ツール・ド・フランスでも初優勝を果したのである。

08年には所属チームがアスタナになり、ツールには参加できなかったものの、ジロ・デ・イタリアとブエルタ・ア・エスパーニャを制し、史上5人目のグランツール完全制覇者となった。そして、09、10年（後にドーピング違反のため剥奪）とツールを連覇したのはご承知のとおりだ。

偉大なるエースたちが愛したサドル

そんなコンタドールが愛用しているサドルが、セッレサンマルコの代表作コンコールライトだ。言うまでもなく、あのランス・アームストロングやパオロ・ベッティーニが愛してやまなかったサドルでもある。サドル上面の絶妙なカーブによるフィット感の良さ、幅の狭い作りによる高回転ペダリン

インタビューに答えるコンタドール。ドーピング違反のため、後に10年のツールのタイトルは剥奪された

グのしやすさ、簡素な作りによる軽量性と耐久性の高さなど、どれを取ってもレーシングサドルのお手本とも言うべきモデルである。発売当時のモデルの重量は、カーボンレールのモデルで１７０ｇ、チタニウムレールのモデルで１８８ｇ、中空クロモリレールのモデルでも１９６ｇという軽さであった。

　そもそもコンコールライトは、その名前が示すように80年代の名作「コンコール」の軽量モデルとして誕生したものだ。発表されたのは１９９２年のことで、その完成度の高さから発売当初から多くの選手に支持されることとなった。２０００年代にはいったんラインナップから外されることとなったのだが、プロ選手たちからの要望があまりにも大きいことから、すぐに復活したという経緯ももっている。もちろん現在もバリバリの現役モデルである。

　このサドルがいかにプロ選手の支持を集めているかは、前述のランスとベッティーニの使用例をみればわかる。チームの契約サドルがセッレサンマルコではなくなっても、わざわざ表皮を張り直して契約メーカー風に改造し、使い続けていたのである。コンタドールにしてもそうだ。ディスカバリーチャンネルやアスタナ時代、契約サドルメーカーはセッレサンマルコではなかったが、無地のコンコールライトを準備したり、契約メーカー風に表皮を張り直したりして使い続けていた。サドルの設計者としては職人冥利に尽きるというものだろうが、反面新製品が売れないというデメリットもある。製品作りとは、じつに難しいものだ。

Name
Gilberto Simoni
ジルベルト・シモーニ(イタリア)

Debut 1994 Retirement 2010

Item
fi'zi:k
ARIONE

ジロ・デ・イタリアを2度制覇した稀代の選手ジルベルト・シモーニのこだわりは
フィジーク・アリオネである。

Supreme Products of
Top Cyclists

#05
Gilberto Simoni

奇跡の山モンテボンドーネで鍛えた登坂能力

ジルベルト・シモーニは1971年8月25日、イタリアのトレンティーノ＝アルト・アディジェ州トレント県のジョーヴォに生まれた。この町はイタリアを代表する名選手フランチェスコ・モゼールの出身地としても有名で、じつはシモーニ自身もモゼールと親類の関係にある。

小さい頃に自転車競技を始め、郷土の英雄・モゼールを目指して練習していたシモーニ少年は、地元の名峰モンテボンドーネでヒルクライムの能力を磨いた。標高1650m、登坂距離17・4km、平均斜度7・9%、最大斜度13%のこの山道を、シモーニ少年は仲間の誰よりも速く、そして軽やかに走り抜けた。

「モンテボンドーネ」と聞いてピンとくる人は、かなりのジロ・デ・イタリアファンだろう。1956年のジロ・第20ステージで、「山の天使」の異名をとるルクセンブルクのシャルリー・ガォルが2位に7分44秒の大差をつけて勝った山だ。その日の天気はあいにくの雪。いや、猛烈な吹雪といったほうが正確かもしれない。ガォルはその厳しい天候の中、誰よりも軽やかにモンテボンドーネを上り、総合14位から一躍トップへと躍り出た。そしてこの勝利によって、総合優勝をもつかみ取ったのである。それ以来、モンテボンドーネは「奇跡の山」と呼ばれるようになった。シモーニ少年が「いつかは僕もこの山で勝ってジロで総合優勝をしたい」と夢見ていたのはいうまでもない。

軽くて強いサドルが
ジロでの活躍に大きく貢献

セッレロイヤルのスポーツサドルブランド「フィジーク」が、レーシングサドルの決定版として2002年に発表したモデルが「アリオネ」だ。03年にはサエーコに供給され、シモーニの2度目のジロ制覇を支えた。今でも基本はまったく変わっていない

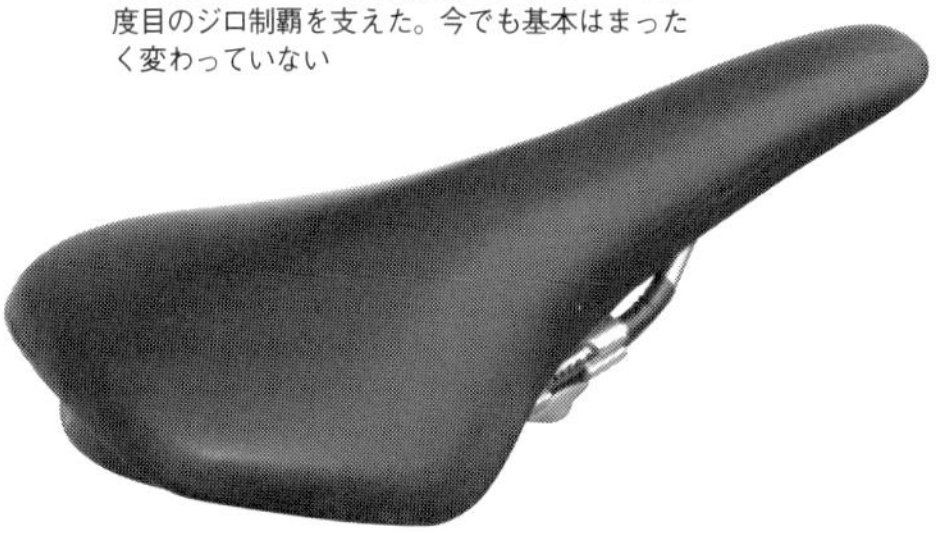

シモーニが06ジロで使用したスコット・CR1。52×36Tのコンパクトドライブ、タイム・インパクトペダルなど多くのこだわりがみえる

給料の値下げを申し出たことも

1993年、シモーニはアマチュア版のジロ・デ・イタリア「ベビー・ジロ」とイタリア選手権アマチュアチャンピオンとなった。そして翌94年、ジョリーから念願のプロデビュー。しかし、プロの世界はシモーニが想像したよりもはるかに厳しかった。アマチュアでは無敵だったシモーニだが、プロ入り後はまったく勝利に恵まれなかったのだ。95年にはアーキ、97年にはMG、98年にはカンティーナトッロへと毎年のように移籍を繰り返し、いつかは芽が出ると信じていたシモーニだったが、勝利の女神が彼に微笑むことはなかった。そのあまりの不甲斐なさから、シモーニは監督に対して給料の値下げを自ら申し出ることもあったという。

シモーニの才能が開花したのは、1999年のこと。この年、バッランに移籍していたシモーニだったが、ついにジロでステージ優勝を果たしたのである。さらに総合でも3位に入った。翌2000年にはランプレのエースとしてジロで再び総合3位となり、ブエルタでもステージ優勝を記録した。そして、ついに01年のジロを制し、名実ともにイタリアを代表するチャンピオンとなったのだ。

02年のジロでも第11ステージで優勝をしたシモーニであったが、何とコカインの使用疑惑が持ち上がり、レース途中にして出場停止処分となってしまった。後にコカインが検出された原因は、親類から南米のおみやげとしてもらったキャンディーを食べたことであるとわかり、疑惑は晴れたものの、ツール・ド・フランスの出場禁止など、ほろ苦いシーズン後半を過ごすこととなってしまった。

2度目のジロ制覇とニューサドルとの出会い

その怒りをぶつけるように、シモーニは03年のジロを制する。そして、その年に出会ったサドルこそ、フィジークの新作・アリオネであった。多くのユーザーがそのフィット感の高さを評価するアリオネであるが、シモーニにも例外ではなかったようだ。2度目のジロ制覇という輝かしい成果とも重なり、シモーニはアリオネを非常に気に入るようになった。

04年のジロでもアリオネとともにステージ3勝を記録したシモーニだったが、ライバルは思いがけないところから現れた。シモーニのアシストとして働いていた若手のダミアーノ・クネゴがステージ4勝を挙げ、総合優勝まで持っていってしまったのである。シモーニも総合3位でフィニッシュしたものの、クネゴの勝利によってチームには2人のエースが存在する状態になってしまった。誇り高きチャンピオンのシモーニが、その状態に甘んじているはずもない。06年、ついに彼はサエーコを離れ、サウニエル・ドゥバルへと移籍する。

ここで問題が発生した。サウニエル・ドゥバルの契約サドルはセッレイタリアだったのだ。しかし、フィジーク・アリオネが気に入っていたシモーニは、セッレイタリアのどのサドルを使うことも拒否。結局、「表皮を張り替えて、どこのメーカーのものがわからないようにして使用する」という条件を飲み、シモーニはアリオネを使い続けられることとなったのである。

ここでシモーニはアリオネにもっていた唯一の不満点を解消する改造を施した。あの後ろに張り出した部分を、シモーニは不必要と考えていたのだ。大胆にもその部分を切り取り、ベースをきれいに成形した後で表皮を張って使い始めたのである。

06年のジロ・第16ステージで、シモーニはその改造アリオネとともにモンテボンドーネの頂上ゴールを目指した。小さい頃から走り慣れたこの山でライバルのイヴァン・バッソ（CSC、当時）を完膚無きまでに叩きのめし、総合優勝をもぎ取るというシナリオを描いていたが、叩きのめされたのはシモーニのほうだった。絶好調のバッソに遅れること1分26秒、ステージ2位の完敗であった。

Name
Bernard Hinault

ベルナール・イノー（フランス）

Debut	1974	Retirement	1986

Item
CAMPAGNOLO
RECORD SEATPOST

ツール・ド・フランス5勝の英雄ベルナール・イノーは
サドルを固定するシートポストに強いこだわりがあった。
イノーが愛したのは、カンパニョーロの名作「2本締めシートポスト」だった。

Supreme Products of
Top Cyclists

#06
Bernard Hinault

ついたあだ名は「ブルターニュの穴熊」

フランス西部のブルターニュ地方は、独特な文化をはぐくんでいることで有名な場所だ。その名が示すように、グレートブリテン島から移住してきた民族が住む土地であり、ケルト語に起源をもつブルターニュ語（ブルトン語）という言葉を老人は話す。土地が痩せているため、小麦とブドウの栽培に適さず、それゆえそば粉から作ったクレープ「ガレット」や、りんご酒「シードル」が名産品となっている。とにかく、フランス中央とは風俗習慣が大きく異なり、現在でも相続法など民法の一部については独自の習慣法が認められているほどだ。

ベルナール・イノーは、そんなブルターニュ地方の小村イフィニャックで1954年11月14日に生まれた。兄に借りた自転車で地元のレースに出場するといきなり頭角を現すようになり、74年20歳のときにプロデビューを果たす。ツール・ド・フランスに初出場したのは78年のことで、ステージ3勝を含む総合優勝をいきなり成し遂げてしまった。史上最強の選手と唱われたエディ・メルクスと入れ替わるように頭角を現したイノーだったが、その強さはメルクスと比較してもまったくひけをとらな

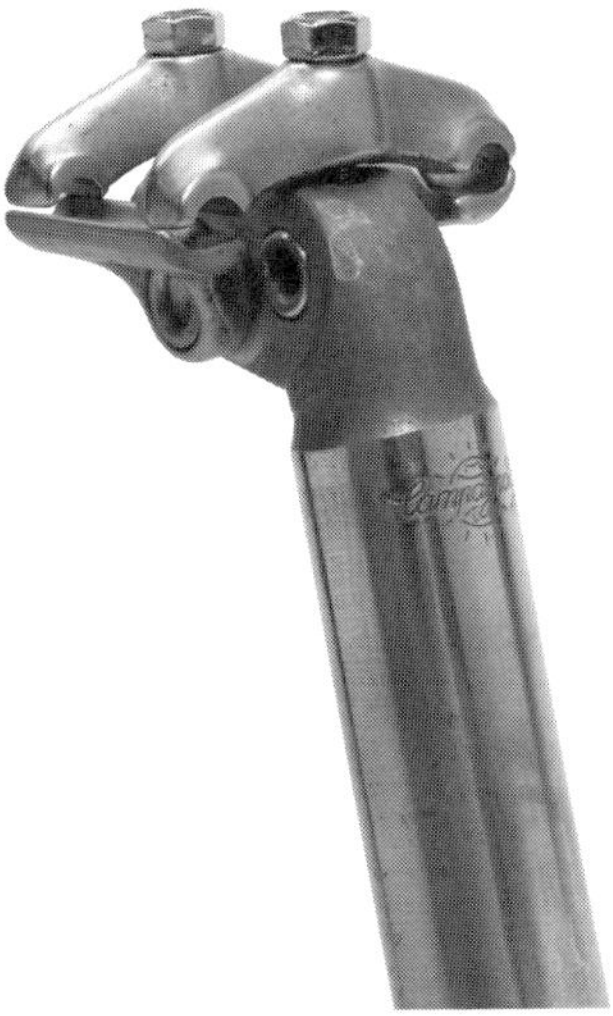

確実な固定力をもちながら微調整も可能

1956年に発表されたカンパニョーロの2本締めシートポスト。まずは「グランスポルト」シリーズに組み込まれ、1963年にはそのまま「レコード」シリーズへと引き継がれた。微調整のしやすさと固定の確実さは、他社の製品を圧倒的に凌駕していた

かった。イノーと同時代に某チームのアシスト選手だった男は次のように語っている。

「イノーは本当に強かった。そして、まるで帝王のようにカリスマ性があったんだ。レース前、イノーが『今日は１００km地点までサイクリングだ』というと、誰もがそれに従ったよ。でも、ある年のツールで、それに従わずに早めにアタックした若い選手がいたんだよ。イノーはそれに激怒して、一人でその選手の追走を始め、そして捕まえたんだ。そして『俺に従わないとどうなるか見せてやる！』と一喝し、こんどはそのまま逃げ始めたんだよ。結果はもちろんイノーの圧倒的なステージ優勝さ。他の選手は追いかけるので精一杯だった。まるでタイムトライアルだよ。ちぎれた選手はタイムアウトさ。その若い選手も含めてね」

そんなイノーをフランス人たちは敬愛の念を込めて「ブルターニュの穴熊」と呼ぶ。穴熊はネコ目イタチ科の動物で、気性が荒いことで知られている。この気性の荒さを利用して、ヨーロッパでは中世から「バジャー・ベイティング」という血なまぐさい娯楽が行われていたほどだ。これは捕獲した穴熊を人工の巣穴に入れて犬と闘わせるというもので、今では多くの国で法律によって禁止されている。イノーの気性の荒さと筋肉質の体型が、多くの人に穴熊を想像させたのである。

イノーが愛した確実な固定力

イノーは古い時代を象徴する最後のチャンピオンだった。彼の時代までは「チャンピオン」と称される選手はツールだけでなく、ジロでもクラシックレースでも勝つことが要求されていた。イノーももちろん、ツールだけでなくジロでもブエルタでも、あるいはパリ〜ルーベやリエージュ〜バストーニュ〜リエージュのようなクラシックレースでも、勝つときには圧倒的な強さで勝利を収めている。ツールにしか集中せず、しかもステージ優勝を狙わない効率的な勝ち方をする今のチャンピオンに、イノーのようなカリスマ性がないのは、当然といえば当然のことだといえるだろう。

イノーが最後にツールで勝ったのは85年のことだった。この年、イノーはダブルツールを達成したのだが、機材面でも大きな話題を呼んだ。自らの名を冠したバイクに、ルック社が開発したビンディングペダル「PP-65」が装着されていたのである。今では当たり前のビンディングペダルは、イノーがこの年、最初にプロレースに持ち込んだものだった。

PP-65の影に隠れてあまり目立たなかったが、もう一つ注目すべきパーツがあった。カンパニョーロ・レコードの2本締めシートポストである。すでに旧型となっていた2本締めシートポストを使っていたのには、もちろん大きな理由があった。当時、スーパーレコードの1本締めシートポストは、締め付けが不十分だとサドルが動いてしまうことが指摘されていたのだ。

選手は誰でもそうであろうが、イノーはトラブルを極度に嫌っていた。パンクをしたときでさえ、メカニシャンを怒鳴り散らすほどだった。「シートポストごときでレースを落とすわけにはいかない」と考えていたイノーは、固定力と微調整のしやすさで定評のあった旧型の2本締めをわざわざチョイスしたのである。

いつの時代にも、強い選手のやることはまねをされるものだ。翌86年にはカンパニョーロの新型コンポーネント「コルサレコード」がデビューし、シートポストもエアロタイプの1本締めへと進化するのだが、時代に逆行するようにシートポストにはこの旧型の2本締めレコードを使う選手が多くなった。こんなところにも、イノーのカリスマ性が影響していたのである。

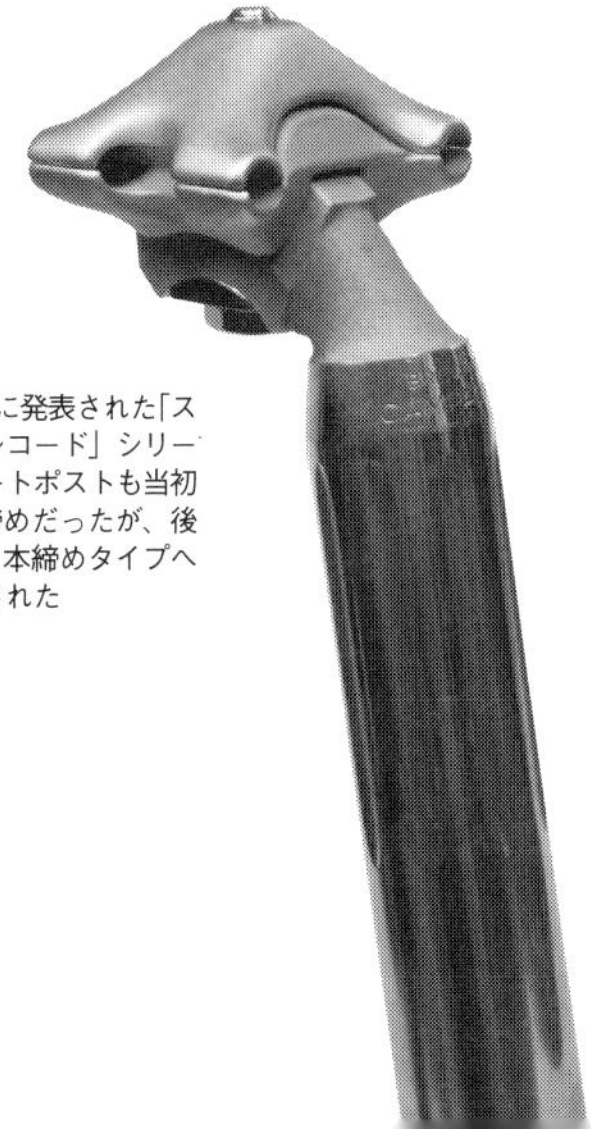

1974年に発表された「スーパーレコード」シリーズのシートポストも当初は2本締めだったが、後にこの1本締めタイプへと変更された

Name

Marco Pantani

マルコ・パンターニ（イタリア）

Debut 1992 | Retirement 2003

Item

PMP
TITANIUM SEAT POST

ツール・ド・フランスで最も有名なヒルクライムコース「ラルプ・デュエズ」を最速で上ったのは、
アームストロングでもなければメルクスでもイノーでもなく、パンターニなのだ。
そんな彼がこだわった軽量シートポストがある。

Supreme Products of
Top Cyclists

#07
Marco Pantani

1998年にダブルツールを達成

マルコ・パンターニは1970年1月13日、イタリア・エミリア＝ロマーニャ州フォルリ＝チェゼーナ県チェゼナーティコに生まれた。幼い頃はサッカー選手を夢見る少年だったが、12歳で自転車レースを始めるとめきめきと頭角を現し、92年にはアマチュア版のジロ・デ・イタリアである「ベビー・ジロ」を制している。その功績が認められて同年カレラからプロデビューを果たした。パンターニの実力が開花したのは94年のことだった。ジロの第14、15ステージを連覇し、総合でもミゲール・インドゥラインを抑えて2位となったのである。また同年のツール・ド・フランスでは総合3位になるとともに新人賞も獲得。タイムトライアルはまったくだめだったが、山岳での圧倒的な強さがそれをカバーし、近年では珍しくクライマーながらグランツールで総合優勝に手の届く可能性を秘めた選手として注目されるようになった。

95年のツールでふたたび新人賞を獲得すると、同年の世界選で3位に入り、ワンデーレースでの勝負強さがあることも証明した。96年はレース中の交通事故により1年を棒に振ってしまったが、97年にレースに復帰するとフレーシュ・ワロンヌで5位、リエージュ～バストーニュ～リエージュで8位となっている。そしてツールではラルプ・デュエズにゴールする第13ステージで優勝。このときに打ち立てた37分35秒という最短登坂記録は、いまだに誰にも破られていない。さらに第15ステージも制し、総合3位でフィニッシュ

軽量にして堅牢
固定も確実だった

イタリアの金属加工メーカー・pmpが創り出した珠玉のシートポスト。チューブはチタニウム合金製で、ヘッドはCNCマシンによるアルミの削り出しだ。軽量で堅牢であるばかりでなく、2本締めの構造により、調整が楽で、固定も確実だった。1990年代、すべて選手たちは自費で購入して使ったという

している。

パンターニが最も輝いたのは98年のことだった。ジロで総合優勝すると、ツールでも前年の覇者ヤン・ウルリッヒを抑えて総合優勝を果たしたのである。2大グランツールを制した7人目の選手になるとともに、イタリア人としてフェリーチェ・ジモンディ以来33年ぶりにツールを制した選手となった。

しかし、パンターニの人生は翌99年から暗転し始める。ほぼ優勝を決めていたジロではヘマトクリット値の高さによってドーピングが疑われ、リタイアを余儀なくされた。結局、この年はシーズン終了までレースを走れなかったのである。2000年はツールでステージ2勝するも結局途中棄権し、再起をかけたシドニーオリンピック男子ロードでも69位に沈んだ。そして01年に再びドーピング疑惑が浮上し、03年3月まで出場停止処分を受けることとなったのである。03年のジロで復帰し、総合14位とまずまずの成績を収めたものの、その後突如として姿を消し、結局シーズン終了までレースを走ることはなかった。度重なるドーピング疑惑の浮上と警察の捜査、マスコミによる執拗な取材、さらに家族による財産の差し押さえ。これらが理由で、パンターニは完全に精神を患っていたのである。

悲劇は翌04年の始めに起こった。失意のパンターニは2月9日、イタリア北部リミニのホテルにチェックインしたのだが、部屋に閉じこもったきり、どこにも外出しなかった。そして2月14日夜、部屋の床に倒れて亡くなっているのが発見されたのである。当初は自殺と見られていたが、後に司法解剖した警察から「コカインの常用による中毒死」と発表された。

そんな悲劇のヒーローだったが、パンターニは今でもイタリアで絶大な人気を誇っている。彼の死後、ジロにはチマ・パンターニが設定されるようになり、チェゼナーティコでは「メモリアル・マルコ・パンターニ」というレースが開催されるようになった。

pmpの工場に貼られているパンターニのポスター。ハブとカセットのロックリングに同社の製品が使われていたということがマジックで記入されている

自費でｐｍｐのパーツを購入していた

そんなパンターニが98年ダブルツールを達成したときに使用していたシートポストがイタリアのカスタムパーツメーカー、ｐｍｐのものだった。パンターニはカレラチーム時代からｐｍｐのハブやチタンＢＢなどを愛用し、クライマーらしくバイクの軽量化には余念がなかった。ｐｍｐはもともと、航空機やＦ１マシンなどに使われる高精度な金属部品を製作する会社である。しかし、そこはイタリア。社員の中に何人も熱狂的な自転車好きがいて、ついには高精度で超軽量な自転車パーツを作るに至ったのである。

以前、ベルガモにあるｐｍｐ社へ取材に行った折、パンターニにパーツの供給をしていたか尋ねてみた。すると、答えは意外や意外、「いや、彼はクルマに乗ってウチまで直接パーツを買いに来ていたよ」とのことだった。ｐｍｐはこれまで一度も選手のスポンサードをしたことはなく、キャプーチにしてもベルズィンにしても、みんな自費でパーツを買っていったそうである。たしかにｐｍｐのチタンシートポストは軽量でさらに堅牢だ。２本締めで固定も確実だった。当時のカンパニョーロのシートポストよりも軽量だったから、トップ選手がこぞって使ったのだった。

Name

Bradley McGee

ブラッドリー・マクギー（オーストラリア）

Debut	Retirement
1998	2008

Item

SYNCROS
FEATHERLITE CARBON SEATPOST

ブラッドリー・マクギーはTTのスペシャリストらしく、
前乗りのポジションが特徴的だった。
そんな彼のポジションを支えていたのが、シンクロスのシートポストだ。

Supreme Products of
Top Cyclists

#08
Bradley McGee

トラックの追い抜き競技で活躍

ブラッドリー・マクギーは1976年2月24日、オーストラリアのシドニーで生まれた。オーストラリアはトラック競技の盛んな国だ。マクギーも、もともとはトラック競技で育った選手である。その戦歴は輝かしく、1993年、94年ジュニア世界選手権の個人追い抜き2連覇、94年団体追い抜き優勝、94年コモンウェルス・ゲームズの個人・団体両追い抜き優勝、95年世界選手権団体追い抜き優勝、96年アトランタ五輪個人追い抜き銅メダルと、向かうところ敵なしのジュニア~U23時代を送った。

そんなマクギーの才能にいち早く目をつけたのが、フランセーズデジュを率いるマルク・マディオ監督だ。98年に彼を同チームに招き入れ、ロード選手として開花するようにじっくりと育てたのである。2000年にはジロ・デ・イタリアに、01年にはツール・ド・フランスに初参加させているが、決して無理はさせなかった。また、トラック競技も平行して続けさせ、2000年のシドニー五輪で

画期的だった
超軽量カーボン製シートポスト

このシートポストは前後の2本締めで調整しやすく軽量で、さらに前乗りポジションにも向いていた。TTスペシャストのマクギーが求めたポジションを出しやすかったのだ

は個人追い抜きで再び銅メダルを獲得している。

マディオ監督の育成の結果は、早くも02年に現れた。ツール・ド・フランスの第7ステージで区間優勝を果たしたのである。また同年のコモンウェルス・ゲームズの個人追い抜きで優勝し、同種目の大会3連覇を達成している。03年にはツール・ド・スイスで区間1勝した後、ツール・ド・フランスのプロローグを制し、生まれて初めてマイヨジョーヌに袖を通すとともに、タイムトライアルのスペシャリストとして世間に名を知らしめることとなる。04年にはジロ・デ・イタリアのプロローグを制し、こんどはマリアローザにも袖を通す。そして、ツール・ド・ロマンディのプロローグ、ツール・ド・フランスのプロローグも制し、気がつくと「ミスター・プロローグ」という称号で呼ばれるようになっていた。同年に行われたアテネ五輪では団体追い抜きで優勝し、念願だったオリンピックでの金メダル獲得をも成し遂げている。

05年にはブエルタ・ア・エスパーニャに出場し、第2~第5区間でマイヨ・オロ（当時のブエルタのリーダージャージ）を獲得。オーストラリア人選手として初めてグランツールすべてのリーダージャージ着用を経験している。この年、国家を代表する文化人やスポーツ選手に与えられる「オーストラリア勲章」を受賞し、名実ともにオーストラリアを代表するレジェンドへと上り詰めたのであった。

マクギーが2005年のツール・ド・フランスで乗ったラピエールのバイク。前乗りポジションがよくわかる

TTスペシャリストらしい前乗りポジション

01年のツールで初めてマクギーのバイクを見たとき、ずいぶんサドルが前寄りに装着されていることに驚いた。メカニックに聞くと、「タイムトライアルを得意とするマクギーは、前乗りのポジションで高回転を維持しやすくしているんだ」という。

90年代までは、プロ選手のポジションは「後乗り」が主流だった。尻の位置をサドルに落ち着かせ、グイグイと押し出すような「トルク型」ペダリングをするためには、後乗りポジションが最適だったのだ。91年~95年にツール5連覇を果たしたミゲール・インドゥラインがその代表選手だったといえるだろう。しかし、99年のランス・アームストロングのツール・ド・フランス初優勝以来、サドルを前寄りに装着した「前乗り」ポジションが見直されるようになっていった。前乗りにすることによって、高回転を維持しようという考えに基づくものだ。昔から「ペダリングの基本は回転」と言われる。そういった観点からみると、アームストロングのペダリングは「原点回帰」であったということができるだろう。いつの時代も強い選手のやることは真似されるものだが、このペダリングに関する変化も、そんな影響だったのかもしれない。

05年、マクギーは面白いシートポストを使用していた。フランセーズデジュの契約ブランドはリッチーだったが、何とマウンテンバイクのブランドとして知られていたシンクロスのシートポストを使用していたのだ。もちろん、これにはいくつかの理由がある。まずは軽さだ。シンクロスのようにシートポストの前後に調整ボルトがあるタイプの製品は、やぐらの部分が圧倒的に軽く仕上げられるのである。そして、2本締めだとサドルの調整が細かく行え、固定力も確実だ。そして、これが最も重要な理由なのだが、マクギーの好む前乗りポジションが出しやすかったのである。

CHAPTER: 2

HANDLE, LEVER, BRAKE

CAMPAGNOLO
CAMPAGNOLO
BREV.

Name

Eddy Merckx

エディ・メルクス（ベルギー）

Debut 1965 | Retirement 1978

Item

CINELLI

No.66 CAMPIONE DEL MONDO

現在のプロロードレース界では
コンパクトな形状の"アナトミックシャロー"ハンドルが定番。
しかし、エディ・メルクスは熱烈な深曲がりのドロップハンドル信奉者だった。

Supreme Products of
Top Cyclists

#09
Eddy Merckx

チネリが選手たちの要求を完璧に満たした

「チネリ」は元選手のチーノ・チネリによって、１９４５年にミラノで誕生したブランドだ。その製品はじつにイノベーティブなものが多い。多くのアマチュア選手に愛用された「スーパーコルサ」というフレームや世界初のビンディングペダル「M71」など、元選手が考案した製品らしいアイデア溢れるものばかりなのだ。

なかでも、１９６０年代に完成されたハンドルバーとステムのラインナップは特筆に値する。ハンドルバーの形状に浅曲がりの「No.64ジロ・デ・イタリア」、なで肩の「No.65クリテリウム」、深曲がりの「No.66カンピオーネ・デル・モンド」と大きく分けて3種類が用意され、枕頭式ボルトを業界で初めて使った1／Aステムは5㎜刻みで長さが用意されたのである。これによって選手のポジショニングが完璧に行われるようになり、多くの選手がチネリを使うようになった。エディ・メルク

史上最強の自転車選手が引退まで愛用したハンドル

チネリが1960年代に完成させた深曲がりのバー。史上最強の選手エディ・メルクスが引退まで愛用し続けたモデルだ。写真はメルクスの実車のもの。90年代まではチネリのラインナップに残っていたが、残念ながら現在では廃盤となっている

スもそんな一人だった。

圧倒的だったメルクスの強さ

エディ・メルクスは1945年6月17日、ベルギー・ブリュッセルに生まれた。16歳で競技を始めるとみるみると頭角を現し、64年には19歳の若さで東京五輪ロード競技のベルギー代表となっている。また、同年に世界選アマチュアロードを制した。65年にフランスのBPプジョーからプロデビューすると、66年のミラノ〜サンレモでいきなり優勝。67年にはミラノ〜サンレモを連覇するとともにヘント〜ウェヴェルヘムやフレーシュ・ワロンヌ、さらには世界選プロロードをも制してしまった。

この頃、メルクスはプジョーの自転車が気に入らず、マーズィにフレーム製作を依頼し、チームのカラーリングを施して使用していた。ハンドルバー&ステムもチームの契約メーカー・フィリップの製品が気に入らず、当時流行し始めていたチネリを採用した。大柄なメルクスが選んだバーは深曲がりのNo.66カンピオーネ・デル・モンド。幅は芯〜芯42㎝だった。

メルクスの快進撃はとどまるところを知らなかった。68年にファエーマに移籍するとパリ〜ルーベ、ジロ・デ・イタリアで優勝、69年にはパリ〜ニースやツール・ド・フランスで優勝した。以後、あらゆるレースを次々と制し、そのどん欲に勝利をむさぼる姿勢から、いつしか「カンニバル（人喰い人種）」と呼ばれるようになった。メルクスはビッグレースだけでなく、地方の小さなレースでも決して手を抜くことはなかった。娘や息子（後にプロ選手となるアクセル・メルクス）とふざけて競争するときでさえ、決して勝ちを譲らなかったほどだ。結局メルクスは、78年に引退するまでに通算525勝をあげた。もちろん、これは前人未踏の記録である。そして、メルクスは引退するまでNo.66カンピオーネ・デル・モンドを愛用し続けた。

ピストではなで肩バーが一般的だが、1972年のアワーレコード挑戦時にもNo.66だった。49.43195㎞の新記録を樹立

メルクスの活躍とともに一大ブームとなる

メルクスほど機材にうるさい選手はいなかった。彼のフレームを手掛けたコルナゴやデローザには、年間50本ものフレームを作らせていたほどだ。軽量化にも熱心でパーツの穴開け加工を流行らせたこともあった。また、72年のアワーレコード挑戦時にはカンパニョーロにスペシャルパーツを作らせ、これが74年に発表されたスーパーレコードシリーズの原型となった。スタート前までフリーホイールに布をかけて隠し、ライバルに歯数を知られないようにするなどということもしたし、時にはレース中でさえバイクを降りてサドル高の調整をした。

今でも強い選手が使うフレームやパーツはみんなが使いたがり、大ヒットする傾向にあるが、当時はその傾向がさらに強かった。圧倒的に強いうえに機材にうるさいメルクスが選ぶ物に間違いはないと、多くの選手がメルクスの使うパーツを選ぶようになった。

そんな流れに乗り、チネリのハンドルバー&ステムは売れに売れた。メルクスが使っているからということで、深曲がりのNo.66も浅曲がりのNo.64に負けないほど多く売れた。この状況はメルクスが引退した後の80年代にもずっと続く。しかし、アナトミックバーが誕生して90年代に大ヒットすると、微妙に状況が変わってきた。深曲がりやなで肩のバーがまったく売れなくなってしまったのだ。

Name

Felice Gimondi

フェリーチェ・ジモンディ（イタリア）

Debut 1965 | Retirement 1979

Item

Cinelli

No. 65 Criterium

史上最強の選手エディ・メルクスを相手に
名勝負を繰り広げたフェリーチェ・ジモンディ。
彼が愛したハンドルバーが、チネリ・No.65クリテリウムだった。

Supreme Products of
Top Cyclists

#10
Felice Gimondi

第二次世界大戦中のベルガモに生まれる

フェリーチェ・ジモンディは1942年9月29日、イタリア・ロンバルディア州ベルガモ県セドリーナで生まれた。1942年といえばまだ第二次世界大戦の真っ最中であり、イタリアはムッソリーニ率いるファシスト党の独裁体制下にあった。イタリアでもっとも自転車競技の盛んなベルガモ県といえども、当然のことながらのんきに自転車に乗っていられる時代ではなかった。イタリアの英雄ファウスト・コッピはこの年、45・798㎞というアワーレコードを樹立して選手活動を中断している。もう1人のイタリアの英雄ジーノ・バルタリはファシスト政権を嫌い、レジスタンス運動に荷担したり、ヒトラーに迫害を受けていたユダヤ人の逃亡を助けたりしていた。

ジモンディに物心がついた頃には戦争も終わっており、イタリア国民はレース活動を再開したコッピとバルタリの活躍に心酔していた。フランスなどの戦勝国の選手をレースでうち負かす彼らの活躍は、敗戦で打ちひしがれたイタリア国民の希望そのものだったのだ。コッピアーノ（コッピ派）の父とバルタリアーノ（バルタリ派）の母に育てられたジモンディ少年は、当然のように自転車競技を始めるようになる。しかし、当初はまったく成績が振るわず、仲間たちはもちろんのこと、父や母でさえ、彼が将来ツールやジロ、世界選を制するような一流選手になるとは夢にも思ってなかったという。

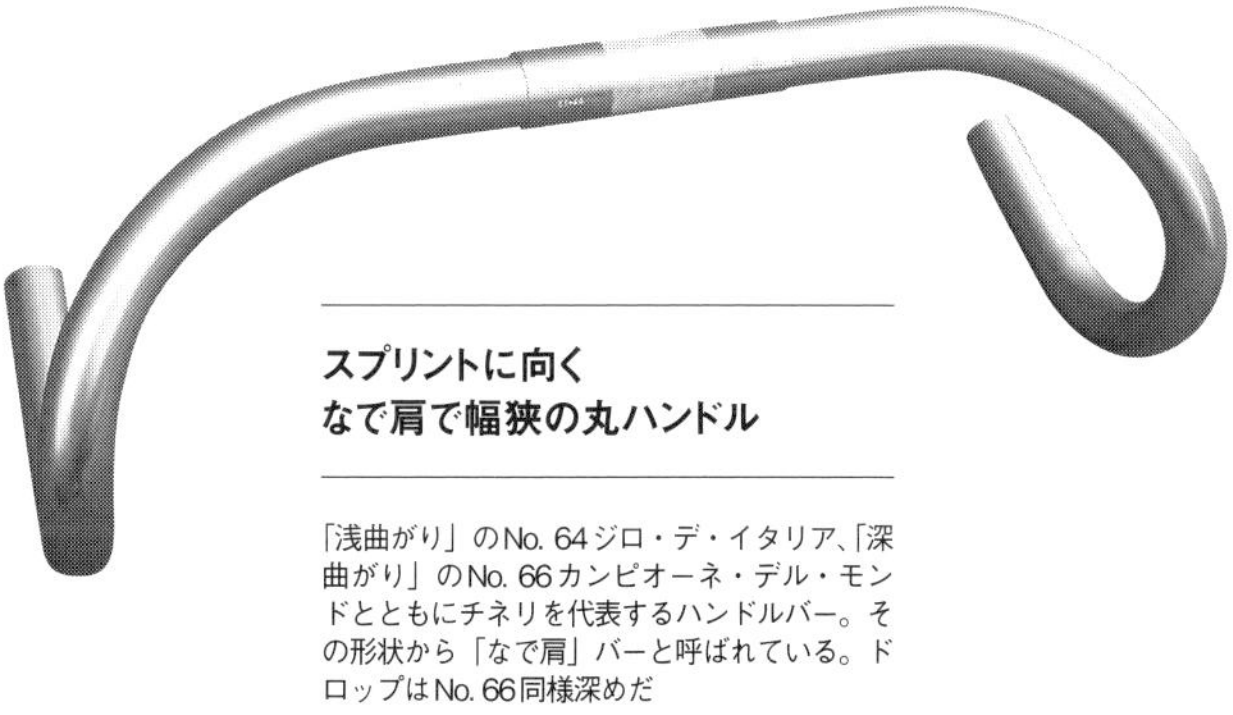

スプリントに向く
なで肩で幅狭の丸ハンドル

「浅曲がり」のNo. 64ジロ・デ・イタリア、「深曲がり」のNo. 66カンピオーネ・デル・モンドとともにチネリを代表するハンドルバー。その形状から「なで肩」バーと呼ばれている。ドロップはNo. 66同様深めだ

しかし、まじめな性格だったジモンディは、地道に練習に取り組んだ。するとアマチュア選手としてだんだん頭角を現すようになり、ついにはナショナルチーム入りを果たす。そして、64年の東京オリンピック男子個人ロードレース・イタリア代表にも選出された。ただし、結果は39位と平凡なもので、特にジモンディが人々に強い印象を残すようなことはなかった。

プロデビューの年にツールを制覇

本当の意味でジモンディが注目を集めるようになったのは、彼がサルヴァラーニチームからプロデビューした65年からだった。無名の新人にもかかわらず、春先のフレーシュ・ワロンヌで2位に入ると、ジロ・デ・イタリアで総合3位となったのだ。続くツール・ド・フランスは当初メンバーに選ばれていなかったが、病気で欠場することになった選手がいたため急きょ代役として白羽の矢が立った。

チームは当初、ジモンディに対して大きな期待は寄せていなかった。しかし、第3ステージで区間優勝を果たすと、マイヨジョーヌまで獲得したのである。その後、いったんはマイヨを手放すものの、再び第10ステージで取り返し、レイモン・プリドールの猛攻をしのいで最終日までそれを守ったのだった。

1969年のツールを走るジモンディ。この年に初出場初優勝したエディ・メルクス（後）のおかげで、この後数々の勝利を逃すこととなる

その後ジモンディはジロで3勝、ブエルタで1勝、世界選で1勝、ミラノ〜サンレモで1勝、パリ

〜ルーベで1勝、ジロ・ディ・ロンバルディアで2勝という大選手に成長した。この他、タイムトライアルレースであるグランプリ・デ・ナシオンで2勝し、パリ〜ブリュッセルなどにも勝っている。これはエディ・メルクスと同時代に現役だったことを考えると、驚愕に値するといえるだろう。

長身に似合わぬ幅の狭いハンドル

ジモンディは山岳に強く、独走力も高かった。ロンバルディアやグランプリ・デ・ナシオンを制していることからも、それがわかるだろう。さらに、スプリントでも勝負をできる強さをも兼ね備えていた。73年の世界選で優勝したときなど、メルクス、オカーニャ、そして当時最強のスプリンターだったマルテンスをスプリントで下している。まさに典型的なオールラウンダーだったというわけだ。

そんなジモンディが愛したハンドルバーが、チネリ・No.65クリテリウムだった。しかも180ℓを超える長身にもかかわらず、幅38㎝という狭いものを好んで使った。これは、ドロップの大きいNo.65で低い姿勢をとるとともに、幅の狭さによって空気抵抗を減らそうという意図によるものだ。そして、ピストのハンドルバーのようなで肩形状により、スプリント時に腕がハンドルバーに当たらないというメリットもあった。

同じような意図により、ショーン・ケリーやフレデリック・モンカッサンなどもこのバーを好んで使った。あまり知られていないが、アブラアム・オラーノやオスカル・フレイレもＩＴＭのなで肩バーを使っていた時期がある。しかし、近年ではこのようななで肩バーは絶滅危惧種となってしまった。手元変速レバーとの相性がイマイチなのがその理由だろう。

しかし、手に入らなくなったと思うと、またもう1度使ってみたくなるものだ。どこかのメーカーがこのようななで肩バーを31・8㎜のオーバーサイズで作ってくれたら案外ヒットするのではないだろうか。今でもスプリンターには向いているバーだと思う。

Name

Paolo Bettini

パオロ・ベッティーニ（イタリア）

Debut 1997 | Retirement 2008

Item

ITM
MILLENIUM CARBON

世界選2連覇、L-B-L2勝、
ロンバルディア2勝のクラシックハンター「パオロ・ベッティーニ」は、
機材の選択という点においても、彼特有のこだわりをみせていた。

Supreme Products of
Top Cyclists

#11
Paolo Bettini

イタリアが生んだ世界一速い「こおろぎ」

パオロ・ベッティーニは1974年4月1日、イタリア・トスカーナ州リヴォルノ県のチェーチナに生まれた。ベッティーニが競技を始めたのは7歳のときだった。父親がオレンジ色に塗ってくれた中古のロードバイクに乗り、参加した24レース中23レースで優勝してしまったというから驚きだ。こういう選手を「天才」というのだろう。

ジュニア時代にも好成績を収めたベッティーニは、U-23になるとイタリア代表に選出された。そして、96年の世界選U-23では4位という好成績を収めている。このときの1位はジュリアーノ・フィグエラス、2位はロベルト・スガンベッルーリ、3位ルーカ・シローニで、イタリア勢が1~4位を独占するというとんでもない強さを発揮したレースだった。当然、優勝したフィグエラスは「イタリアの次世代を担う新星!」ともてはやされ、4位のベッティーニが一番目立たない存在だったが、

アナトミック形状の“中身はITM製”カーボンハンドル

ITMの大ヒット作「ミレニアム」のカーボン版。ミレニアムは硬い7075アルミニウムを用いることで軽量化と高剛性化という、相反する要素を高次元でバランスさせたが、このミレニアムカーボンではカーボン素材を用いることにより、軽量高剛性をさらに昇華させることに成功した。デダのシールが貼ってあるが、詳しい方なら67ページの写真を見ればITMのアナトミックであることがわかるだろう

プロ入り後の人生はまったく逆になっていった。

97年にMGテクノジムからプロデビューしたベッティーニは、ミケーレ・バルトリのアシストとしてキャリアを積む。98年にチームスポンサーがアシックスになっても、ベッティーニはバルトリの忠実なアシストとして働いた。転機が訪れたのは2000年のことだ。バルトリのマペイへの移籍によって、ベッティーニもアシストとしてマペイへ移籍。バルトリが欠場したリエージュ～バストーニュ～リエージュでベッティーニが優勝してしまったのである。

続くツール・ド・フランスでもステージ優勝したベッティーニは、いつしか「バルトリを越えたのではないか?」と言われるようになった。この頃から両者の間に溝ができはじめ、翌01年の世界選でそれが決定的となった。ベッティーニがバルトリのアシストを拒否し、2位でフィニッシュしたのである。一方のバルトリは11位に沈み、レース後に激怒したバルトリがベッティーニを怒鳴りつけるという事態に発展したのだ。結果、バルトリはマペイを去ることとなった。

その後のベッティーニの活躍は凄まじかった。02年にリエージュ～バストーニュ～リエージュを連覇すると、ワールドカップチャンピオン(その後04年まで3連覇)にも輝き、03年にはミラノ～サンレモ、イタリア選手権、ヘウ・サイクラシックス、クラシカ・サンセバスティアンなどを、04年にはオリンピック男子ロードなどを、05年にはチューリッヒ選手権、ジロ・ディ・ロンバルディアなどを制したのである。極めつけは06年だ。念願だった世界選を制すると、続くロンバルディアをアルカンシェルで制覇したのである。イタリアのプロ選手なら誰もが夢見るシチュエーションである。翌07年は「世界選2連覇」を最大の目標に据え、見事にそれを達成している。

そんなベッティーニに与えられたニックネームは「イル・グリッロ(こおろぎ)」。身長169㎝、体重58kgと小柄ながら集団から力強く飛び出していく姿がこおろぎを連想させたためである。

ポジションの変化を極端に嫌った

そんなベッティーニは、ハンドルバー、サドル、ペダルといった直接身体に触れる部分には、極度に神経質な選手だった。ポジションの変化を極端に嫌ったためだ。03年にそれまでのマペイからクイックステップへ移籍し、ハンドルバーがITMからデダ、コンポーネントがカンパニョーロからシマノへ変わっても、それまで使い慣れたITM・ミレニアムカーボンハンドルとシマノ・SPD-SLペダル「PD-7750」を使い続けていた。サドルも旧型のセッレサンマルコ・コンコールライトにこだわり、その後に契約メーカーが変わっても、表革を張り替えて使い続けていた。

筆者は06年12月、クイックステップのトレーニングキャンプを取材し、ベッティーニの様子も一週間ほど観察し続けたことがあるのだが、トレーニングライド中も何度もバイクを降りて、ハンドルバーの高さや取り付け角度、サドルの高さや取り付け角度、前後位置などをいじっていた。最初はメカニックに頼んで調整していたのだが、そのうち自分でも六角レンチを背中のポケットに入れ、1㎞走るたびにバイクを降り、納得のいくポジションを探っていたのである。

ベッティーニが2004年の初頭に乗ったバイク。前年にワールドカップチャンピオンとなったので、そのラインがあしらわれている

Name

Thor Hushovd

トル・フースホフト（ノルウェー）

Debut	Retirement
2000	Active Player

Item

PRO
VIBE 7S ROUND THOR HUSHOVD MODEL

直接手に触れるパーツであるハンドルバーには、強いこだわりをもつ選手も多い。
シマノ・プロは深曲がりのバーにこだわったトル・フースホフトのために、
スペシャルモデルを製作した。

Supreme Products of
Top Cyclists

#12
Thor Hushovd

「雷神」はタイムトライアルもこなす

トル・フースホフトは1978年1月18日、ノルウェー・グリムスターに生まれた。現在ではスプリンターとして認識されているフースホフトだが、意外にもプロデビューのきっかけは98年の世界選U-23個人タイムトライアル（以下TT）で優勝したことである。またこの年、U-23のパリ〜ルーベで優勝していることも注目に値する。

2000年にフランスのクレディアグリコルに入るのだが、早くも01年にはツール・ド・フランスのメンバーに選ばれ、第5ステージのチームTT優勝の原動力となっている。また、意外とファンに記憶されていないのだが、2006年のツール・ド・フランスではプロローグで優勝しており、TTのスペシャリストだった片鱗をあちこちで見せているのだ。

クラシックでは06年のヘント〜ウェヴェルヘムを制しているが、やはりフースホフトの名を一躍世界に知らしめたのは

人気と実力を裏付けるシグネチャーモデル

シマノがプロデュースする「プロ」のハンドルバーは、その名のとおりプロ選手の使用を前提とした質実剛健な作りが魅力。最高峰のバイブ7Sのハンドルバーにはアナトミックやコンパクトと並んで伝統的な「ラウンド」があるが、通常のそれはいわゆる「浅曲がり」形状だ。そこで、どうしても「深曲がり」が欲しかったフースホフトは、自分専用に深曲がりで上ハンと下ハンが平行なバーを作らせたのである

フースホフトが2008年のツールで使用したルック・595。この角度から見ると、上ハンと下ハンが平行になっているのがわかるだろう

05年と09年のマイヨヴェール獲得と10年の世界選手権ロードレース制覇だ。

グランツールの総合でもいつも上位に入っており、アルプスやピレネーなどの山岳をこなすことのできない（できなかった）ペタッキやチポッリーニとは一線を画するスプリンターである。ＴＴが速く山岳もこなしてしまうのだから、スプリンターというよりは、オールラウンダーに近いし、クラシックでも好成績を収めているので、クラシックハンターであるとも言える。まさにバランスのとれた理想の選手と言えるだろう。タイプとしては、やはり引退してしまった選手だが、エリック・ツァベルに似ている。

そんなフースホフトのニックネームは「雷神」だ。北欧の神話で雷神のことをトールというからである（フースホフトの名前のつづりはＴｈｏｒだが、雷神はＴｈｏｒともＴｏｒとも書く）。あるいは、出身地にちなんで「グリムスターの牡牛」と呼ばれることもある。どちらも、寡黙でいつも厳しい表情をしているが、レースとなると闘志むき出しになるフースホフトの雰囲気をよく表している。

多くの強豪選手が愛した深曲がりのハンドルバー

これは余談であるが、フースホフト（Ｈｕｓｈｏｖｄ）ほど名字の読み方が難しい選手もいない。彼が登場した２０００年当時は「フショフト」「ヒュースホーウッド」「ハスホフト」など様々な表記がされたものだ。名前も「トル」だったり「トール」だったり。06年のツールの取材中、ノルウェーから来たファンの一団がいたので「彼の名字の読み方を教えてほしい」と尋ねると、「僕はトルの友人なんだ」という男が出てきて「フーショー（そう聞こえた）」と大きな声で教えてくれた。「ｖとｄは読まないのか？」と聞くと「そうだ」という。

ますますわからなくなったので、帰国後ノルウェー大使館に問い合わせた。応対してくれた大使館員いわく「フースホフトあるいはフスホフトと表記するのが本国の発音に近いと思いますが、人名は地方によって独特の読み方をする場合がありますので……」。今もって本当のところは謎のままだ。

じつはフースホフトと08年に一度、直接話したことがある。しかし、そのときは「すみません。あなたの自転車の写真を撮らせて下さい」「自転車はチームカーの上だ。メカニックに聞いてくれ」で終わってしまった。ああ、何たる失態。あのとき「ノルウェーでの名字の読み方は？」って聞けば良かったと今でも後悔している。

閑話休題。そんなフースホフトは07年まで浅曲がりのいわゆるシャローハンドルを使用していた。しかし、大柄なフースホフトにとって、ポジションの変化量が少ないシャローは耐え難かったようだ。新しくハンドルバー&ステムのサプライヤーとなったシマノ・プロに「リーチとドロップが大きい深曲がりで、上ハンと下ハンが平行なバーを作ってくれ」とオーダーしたのである。大スプリンターのマリオ・チポッリーニもチネリや３Ｔに同様のバーを作らせていたが、やはり落差の大きい深曲がりバーは今でも一部のスプリンターに好まれることがあるのだ。

近年では選手からのそのような要望に応えるメーカーは少ないのだが、シマノ・プロはしっかりとフースホフトのリクエストに応え、さらには市販モデルとしてもリリースしてくれたのであった。

Name
Claudio Chiappucci

クラウディオ・キャプーチ（イタリア）

Debut 1985 | Retirement 1999

Item
CINELLI
GRAMMO

1990年代前半に活躍したイタリアの山岳王クラウディオ・キャプーチ。
彼のこだわりは「新しい製品はとにかく実戦で使って善し悪しを判断する」というものだった。

Supreme Products of
Top Cyclists

#13
Claudio Chiappucci

ジャパンカップで3連覇した親日家

クラウディオ・キャプーチは1963年2月28日、イタリア・ロンバルディア州ヴァレーゼ県ウボルドに生まれた。小さい頃から自転車競技の才能に恵まれていたキャプーチは、1982年にイタリアのアマチュアチャンピオンに輝いた。その後もアマチュアレースで多くの勝利を挙げ、85年にカレラからプロデビューを果たす。当初はエースのスティーヴン・ローチェ（ステファン・ロッシュ）とロベルト・ヴィゼンティーニのアシストに過ぎなかったが、この2人がチームを離れると、もともと山岳に強かったキャプーチにエースの役が回ってきた。

キャプーチの名を一躍有名にしたのは、なんといっても90年のツール・ド・フランスだ。第12ステージでマイヨジョーヌを着ると、それを第20ステージまで守り切ったのである。絶対的な優勝候補だったグレッグ・レモン（アメリカ、Z、当時）を最後まで苦しめ、総合2位でフィニッシュしたのであった。

イタリアの熟練職人が真空チャンバーで1本1本溶接した逸品

チネリが1993年に発表したチタンステム。エクステンション部はチタンの板を折り曲げて溶接してあり、とても手の込んだ作りである。熟練した職人が真空チャンバーの中で1本1本手作業によって作っていた。当時、定価が3万円以上という高価なステムだったため、一種のステータスシンボルになったほどだった

この年は山岳賞2位だったが、翌91年のツールでは見事山岳賞を獲得し、「山岳王」の名を欲しいままにした。キャプーチは92年のツールでも山岳賞を獲得している。

彼はジロ・デ・イタリアでも強かった。山岳賞は90、92、93年と3回も獲得している。驚くべきは91年にポイント賞も獲得している点だ。山岳ばかりでなく、アップダウンを利用した平坦での逃げでも非凡な才能を持っていたのだ。そのことは、91年のミラノ~サンレモ、93年のクラシカ・サンセバスティアンを制していることからもわかるだろう。しかし、彼が最大の目標としていたグランツールでの総合優勝はついぞなし得ることができなかった。

キャプーチは日本でとても人気があったし、彼自身も日本のレースやファンをこよなく愛していた。ジャパンカップに毎年のように参加し、93年から95年までは3連覇も果たしている。人気の最大の理由はそんなキャプーチの親日家ぶりにあったのだが、グランツールで勝てなかった彼に対し、我々が日本人独特の「敗者の美学」を感じ取っていたことも人気の理由だったのかもしれない。

一流選手には珍しく大の新しもの好き

一流選手の多くはハンドルバーやサドル、ペダルなどの身体に触れる部分にこだわりをもっているものだ。ランス・アームストロングが新製品のサドルをまったく受け付けず、サンマルコ・コンコールライトを使い続けたことなどはその典型的な例である。しかし、キャプーチは真逆の選手で、新製品が登場するといち早くそれを実戦で試していた。特に93年はそれが顕著で、まだ主流たり得てなかったアルミフレームを実戦にいち早く投入し、その優位性を自ら証明したのである。おそらくキャプーチがいなかったら、アルミフレーム全盛時代はそんなに早く訪れなかったのではないだろうか。

ホイールも特徴的だった。当時は32本のスポークをタンジェントでガッチリと組んだホイールがプロレースの定番だったが、キャプーチは28本のエアロスポークをラジアルに組んだホイールを使用していたのだ。現在の完組みホイールでは当たり前の組み方だが、当時は「こんな少ないスポーク数、それもラジアル組みで大丈夫なのだろうか？」という意見が大半を占めていた。キャプーチのこの辺の先見の明は驚嘆に値すると言えるだろう。

ハンドルバーやステムに関してもキャプーチの先見の明は群を抜いていた。アナトミックバーをいち早く使用し始め、それをハンドルバー形状の主流へと押し上げてしまった。そして今回取り上げたチタンステム「チネリ・グランモ」もそうだ。プロレースでは重たいアルミのムクのステムが当たり前だったのだが、軽いチタンステムをいち早く実戦に取り入れ、数多くの勝利を収めたのである。エクステンション部を中空に仕上げ、それまでは考えられなかったような軽量化を実現したチタンステムであったが、キャプーチによる活躍がなかったら、ここまで早く世に認められなかったかもしれない。

キャプーチはサドルに関しても数多くの新製品を実戦で使った。90年代初頭まではサンマルコであればリーガルやロールスといった定番のサドルを使用していたのだが、その後使用サドルがセッレイタリアに変わると、フライトやミトスなど数多くの新製品を代わる代わる使用していた。ポジションや使用感が変わるのを嫌うプロが多いなか、キャプーチは常に「今よりも良いものがあるかもしれない」という向上心を忘れなかったのだ。メーカーにとっても、彼のような選手は貴重な存在であったということができよう。

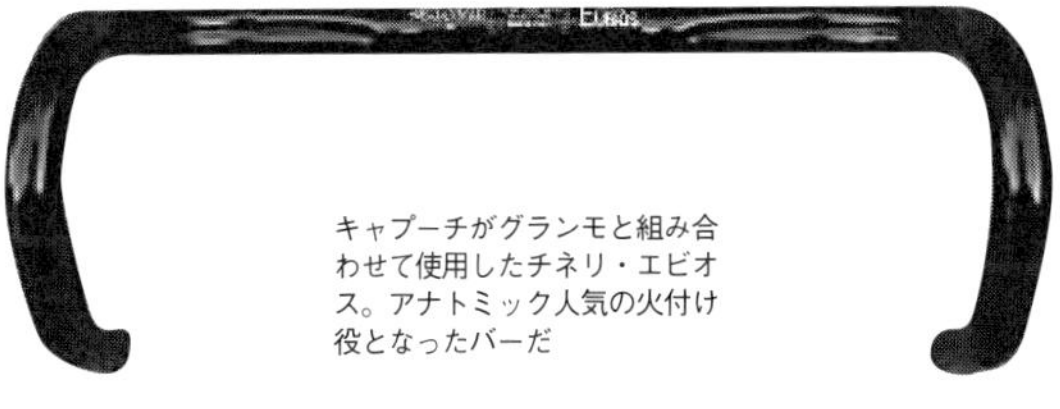

キャプーチがグランモと組み合わせて使用したチネリ・エビオス。アナトミック人気の火付け役となったバーだ

Name

Mario Cipollini

マリオ・チポッリーニ（イタリア）

Debut 1989 | Retirement 2005

Item

CAMPAGNOLO
SPECIAL ERGOPOWER

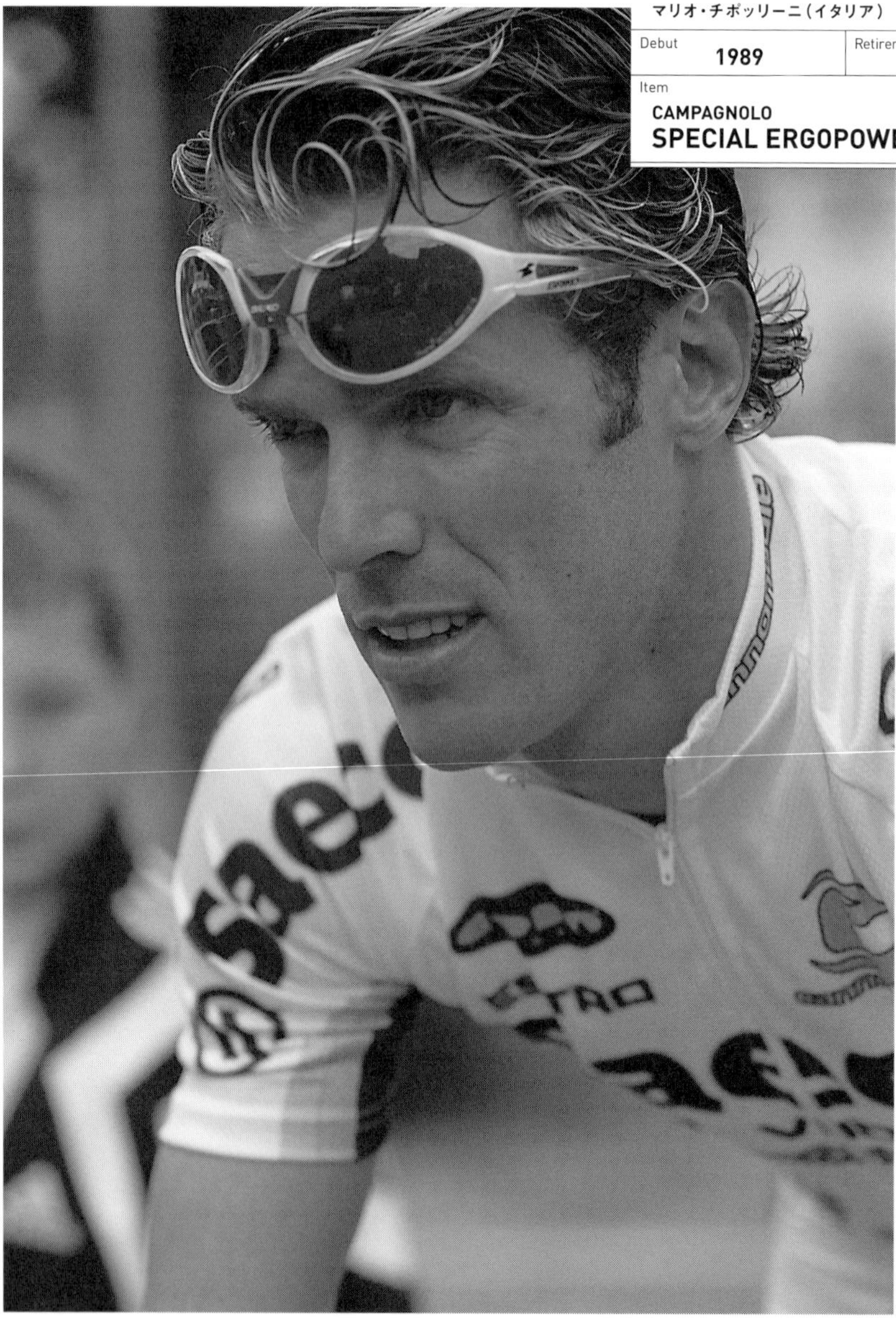

近年の選手の中で機材に対するこだわりが最も強いのは誰か？
そう問われたら、私ならまず第一にマリオ・チポッリーニの名前を挙げるだろう。
カンパニョーロ・旧型エルゴパワーも、こだわりのパーツの1つだった。

#14
Mario Cipollini

史上最強のスプリンター

マリオ・チポッリーニは1967年3月22日、イタリア・トスカーナ州ルッカに生まれた。89年にデルトンゴからプロデビューを果たしたチポッリーニは、当初からスプリンターとして天賦の才能を発揮する。新人ながら、ジロ・デ・イタリアの区間1勝を含む年間4勝を記録したのである。翌90年にはジロ区間2勝を含む年間7勝、91年にはジロ区間3勝を含む年間13勝を挙げた。その後、92年から93年にはGB～MGに、94年にはメルカトーネウーノに、95年から2001年にはサエーコに所属し、ツール・ド・フランス、ジロ・デ・イタリア、その他数多くのクラシックレースで勝利を量産していく。

チポッリーニが最も輝いたのはアックア・エ・サポーネへ移籍した02年だった。春先のミラノ～サンレモで優勝すると、ヘント～ウェヴェルヘムでも3度目の優勝を果たした。そして、極めつけは世

**97年型の旧型ブラケットに
99年型のカーボンレバーを組み込む**

エルゴパワーのブラケットは97年まで大ぶりだったが、98年に小型化された。大ぶりな旧型ブラケットが気に入っていたチポッリーニは、99年にレバーがカーボン化されると、旧型のブラケットに新型のカーボンレバーを組み込んだスペシャルエルゴパワーをカンパニョーロに作らせた。こんなわがままが効くのも、チポッリーニが「超」のつくスーパースターだったからだ

界選を制して見事アルカンシェルを獲得したことだ。
チポッリーニはツール・ド・フランスでは通算12勝、ジロ・デ・イタリアでは通算42勝を挙げている。また、罰金を承知の上で派手な筋肉模様のスキンスーツを着たり、特別なカラーリングのバイクに乗ったりして、ファンを大いに喜ばせてくれた。「記録」という点においても「記憶」という点においても、史上最強のスプリンターであったということができるだろう。

機材に対して強いこだわりをもつ

そんなチポッリーニであるが、機材に対してはとても強いこだわりをもっていた。まずはサドルであるが、セッレサンマルコ・リーガルがお気に入りで、その他のサドルを一切使おうとしなかった。02年にアックア・エ・サポーネに移籍したときなどは、リーガルの表皮を張り替えて契約メーカーのスペシャライズドのサドルのように加工したほどだったのだ。

次にハンドルバーであるが、近年ではあまり好まれなくなったリーチ&ドロップの大きい「深曲がり」タイプでなければいけなかった。それもバイクを横から見たときに上ハンと下ハンが平行になるいわゆる「平行バー」でなければだめだったのだ。昔の製品ならともかく、近年ではそんなカーブをもっている製品は皆無だった。そこでチポッリーニはそのときの契約メーカーにいつもスペシャルのバーを用意させた。前ページの写真のバーも一見普通のチネリ・インテグラルターのようだが、じつ

初めてレバーがカーボン化された99年型のエルゴパワー。ブラケットが77ページの「チポッリーニスペシャル」よりもいくぶん小ぶりなのがわかるだろう

はちゃんと「平行バー」になったスペシャルだ。

フレームに対しても強いこだわりがあった。スローピングフレームには一切乗らず、ホリゾンタルフレームを愛し続けたのだ。02年にサエーコからアックア・エ・サポーネに移籍し、使用フレームがキャノンデールからスペシャライズドに変わったとき、当時の主力車種だったSワークスE5のスローピングフレームに馴染めず、無理を言って同じチューブでホリゾンタルフレームを作らせたほどだった。02年の世界選を制したのもそのフレームだったから、チポッリーニはわがままを聞いてもらった恩返しをきっちりとしたと言えるだろう。

そして、今回紹介するエルゴパワーにもとんでもないこだわりをもっていた。1997年までの大ぶりだったブラケットが自分の手のひらに合っていたため、ブラケットが小型化された98年になっても旧型を使い続けたのだ。まあ、97年も98年もカンパニョーロはリアスプロケットが9スピードだったので互換性という点でまったく問題がなかったし、レバーもどちらもアルミ製でよほどのマニアでないかぎりチポッリーニが旧型を使っていることは目立たなかった。そこまではよかったのだが、問題は99年に起こった。その年からエルゴパワーのレバーがカーボン化されたため、看板選手のチポッリーニが銀色のアルミ製レバーを使っているのはプロモーション的にまずくなってしまったのだ。

そこでカンパニョーロは苦肉の策として、97年型の大ぶりなブラケットに99年型のカーボンレバーを無理やり組み込み、あたかも新型レバーを使っているように見せかけたのだ。よく見てみるとブラケットとレバーの曲線が合っておらず、明らかに違う製品を組み合わせたことがわかる。カンパニョーロにそこまでやらせるのであるから、チポッリーニのこだわりは半端ではなかったわけだ。

Name

Andy Hampsten

アンディ・ハンプステン（アメリカ）

Debut	Retirement
1985	1996

Item

SHIMANO

BR-7402

ジロ・デ・イタリアを制した、ただ一人のアメリカ人アンディ・ハンプステン。
彼の活躍の影には、シマノのSLRブレーキ・BR-7402があった。

Supreme Products of
Top Cyclists

#15
Andy Hampsten

88年のジロで鮮烈デビュー!
引きの軽さが画期的だったブレーキ

リターンスプリングを組み込んだブレーキレバー BL-7402と組み合わせることにより、圧倒的な引きの軽さを実現したSLR（シマノ・リニア・レスポンス）ブレーキアーチ。88年のジロでプロトタイプがデビューし、ハンプステンの総合優勝に大きく貢献した

豊かな才能をもったオハイオ生まれの風雲児

アンディ・ハンプステンは1962年4月7日、アメリカ合衆国オハイオ州コロンブスに生まれた。「アンディ」の愛称で知られている彼であるが、正式な名前はシャイラス・アンドリュー・ハンプステンという。オハイオ州コロンブスはアメリカの自転車競技のメッカともいえる場所で、アンディ少年もいつしか自転車の虜となった。才能溢れるアンディ少年はメキメキと頭角を現し、プロ入り前にはヨーロッパへ渡ってイタリアのアマチュアチームで修行生活を送っている。

アンディは85年、アメリカのプロチーム「リーヴァイス・ラレー」からプロデビューを果たす。そして、同年のジロ・デ・イタリア第20ステージで見事な独走優勝を果たし、それがその年の総合優勝者ベルナール・イノーの目に留まって、翌年にはイノー率いるフランスのプロチーム「ラ・ヴィ・クレール」へと移籍する。

ラ・ヴィ・クレールへ移籍したハンプステンの活躍は、まさに飛ぶ鳥を落とす勢いだった。86年のツール・ド・スイスで総合優勝を果たした後、続くツール・ド・フランスではグレッグ・レモンとベルナール・イノーを献身的にアシストしながら、自身も総合4位でフィニッシュするとともに、新人賞も獲得してしまったのである。翌87年にはアメリカの「7イレブン」へ移籍し、ツール・ド・スイスで2連覇を果たした。

アメリカ人唯一のジロ・デ・イタリアの覇者

ハンプステンのハイライトは、翌88年のジロ・デ・イタリアで訪れることとなる。ハンプステンは第12ステージを制して、最大の勝負所、標高２６２１ｍのガヴィア峠を越える第14ステージに臨んだ。当日は朝から冷たい雨となり、壮絶なサバイバルレースの様相を呈することとなる。ガヴィア峠に突入すると、雨は吹雪へと変わった。ほとんどの選手が寒さで走れなくなるなか、ハンプステンはたまたまチームカーにあったワセリンを脚に大量に塗って寒さを凌いだ。ワセリンは軟膏の基材としてよく使われるものだが、当時はレーサーパンツの股ずれ防止用としてよく使われていたのだ。

ハンプステンはオランダの若手成長株エリック・ブロイキンク（パナソニック、当時）とともに決定的な逃げを成功させ、ステージ優勝はブロイキンクに譲ったものの、見事マリアローザの奪取に成功したのである。その後、第18ステージも制したハンプステンは見事最終日までマリアローザを守りきり、アメリカ人として初めてジロ・デ・イタリアの勝者となった。ツール・ド・フランスではグレッグ・レモンが3勝、ランス・アームストロングが7勝しているが、ジロでヨーロッパ以外の選手が優勝したのは、後にも先にもハンプステン一人だけだ。

影の立て役者BR-7402

90年に発表されたBR-7403。デュアルピボットで圧倒的な制動力を実現。カンパニョーロも追随したほどのエポックメイキングな製品だった

前述のワセリンの話はあまりにも有名だが、ハンプステンの勝利にはもうひとつの「影の立て役者」があった。それがシマノ・デュラエースのＳＬＲ（シマノ・リニア・レスポンス）ブレーキ・ＢＲ-７４０２だ。ブレーキレバーにリターンスプリングを組み込むことでブレーキ本体のスプリングを弱め、圧倒的な引きの軽さと制動力の高さを両立したのである。すでに１０５や６００アルテグラで実績を積んでいたＳＬＲシステムをデュラエースのプロトタイプに搭載し、88年のジロでハンプステンを始めとする7イレブンチームにテストさせたのだ。

その優秀性は選手たちに驚愕をもって迎えられた。選手たちはドロミテの長い下りでのブレーキングで、手の力がなくなってしまうことに閉口していた。それが圧倒的な引きの軽さを実現したＢＲ-７４０２により、苦行から解放されたのである。他チームの選手たちも「ハンプステンの後ろを走っていると、軽くブレーキをかけているみたいなのにグッとスピードが落ちるんだ」とやっかみ半分に語った。

その性能が最も発揮されたのが、第14ステージだった。雪のガヴィア峠で他の選手が手がかじかんでしまってブレーキングすらできなくなるなか、ハンプステン率いる7イレブンチームの選手たちは難なくブレーキングすることができたのである。ハンプステンはガヴィア峠の下りで安全にブレーキングすることができ、それが決め手となってブロイキンクとのエスケープに成功したのだった。

シマノは90年に後継モデル・ＢＲ-７４０３を完成させている。それまでのシングルピボットは、所詮カンパニョーロが考案したシステムの延長線上にあった。しかし、ＢＲ-７４０３でデュアルピボットとして、シマノのオリジナリティをいかんなく発揮するとともに驚くべき制動力を実現したのである。現在、カンパニョーロやスラムのブレーキアーチもデュアルピボットだ。シマノの考え方が正しかったことの証左といえるだろう。

Name

Bernard Thévenet

ベルナール・テヴネ（フランス）

Debut 1970 | Retirement 1981

Item

MAFACI
COMPETITION

1970年代まで、イタリアのサイドプル方式に対抗して、
フランスはセンタープル方式のブレーキアーチをメインに使っていた。
今はなきマファックはフランスの代表的なブレーキメーカーだった。

Supreme Products of
Top Cyclists

#16
Bernard Thévenet

怪物エディ・メルクスを打ち負かした男

ベルナール・デヴネは1948年1月10日、フランス・ソーヌ＝エ＝ロワール県のサンジュリアン・シヴリで生まれた。61年、テヴネ少年が13歳のとき、その「事件」は起こる。彼の地元をツール・ド・フランスの一団が通過したのだ。走り抜ける選手たちの姿を見たテヴネ少年は、大きな衝撃を受けた。クロームメッキされたトークリップやフロントフォークがキラキラと光り、それらは少年に中世の騎士を連想させた。「僕も将来は自転車選手になる。そしてツールで優勝するんだ!」。テヴネ少年はそのとき、強く心に誓った。

信念をもった選手は成長が早いものだ。デヴネは若い頃から非凡な才能を見せ、数多くのアマチュアレースで活躍した。そして、68年のフランスジュニア選手権優勝という実績を引っさげ、70年に名門プジョーチームへの加入を果たす。

そのデビューは衝撃的だった。プロ1年目で早く

ツール2勝に貢献したセンタープルの代表格

1970年に発表され、70年代前半にプジョーチームの標準装備だったセンタープルブレーキ。当時としては抜群の制動力と引きの軽さを誇り、テヴネの1975、77年ツール制覇にも貢献した。これは旧型の刻印タイプで、ツール制覇時はバッジタイプの2次型を使用していた

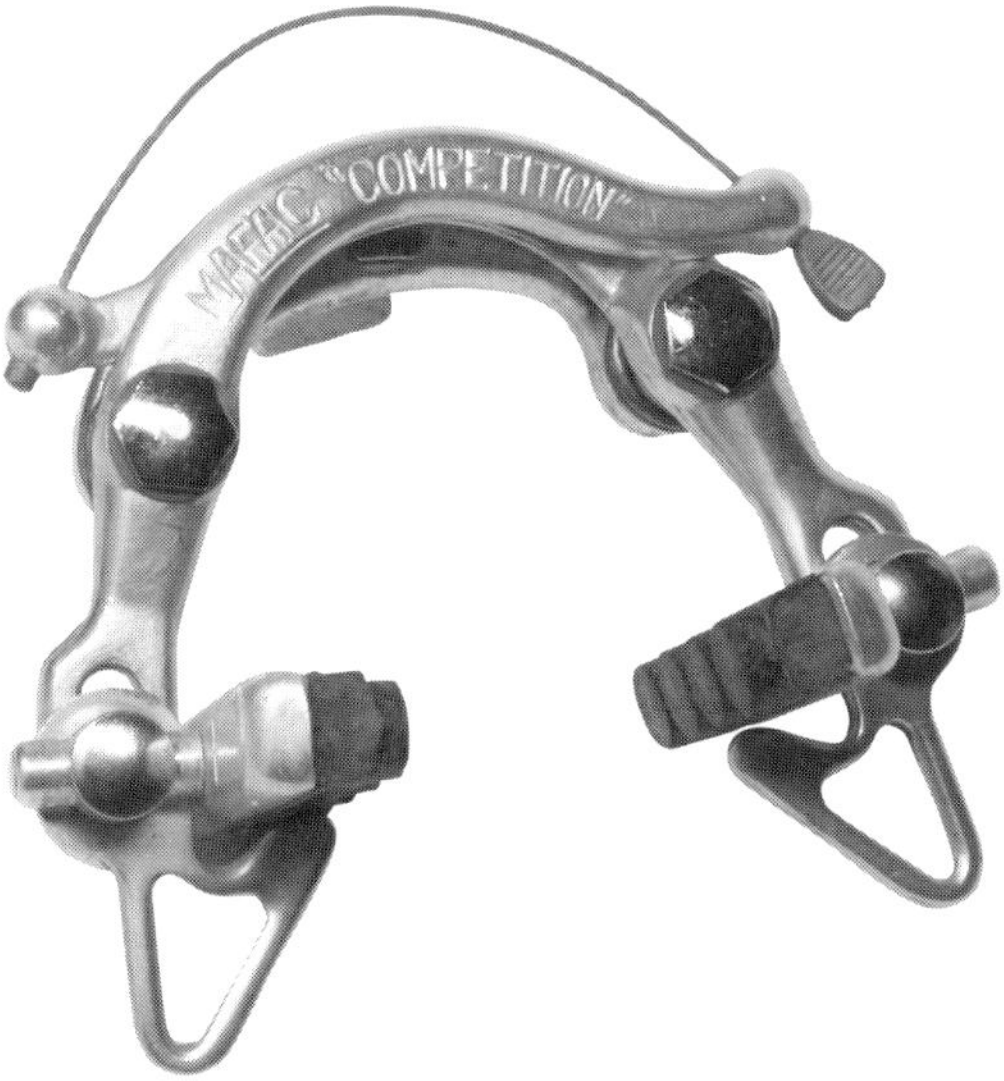

もツールのメンバーに選ばれ、区間優勝まで果たしてしまったのである。しかし、もともと新人の彼はツールのメンバーに入っていなかった。本来メンバーだった選手が2人も病気でダウンしたため、急きょ開幕2日前に出場が決まったのだ。そんな新人の活躍に、チームもファンも色めき立ち、テヴネは瞬く間にフランスのヒーローとなった。当時は怪物エディ・メルクスの全盛期。「メルクスを止めるのはテヴネだ」とフランス国民は期待した。

72年のツールではモンヴァントゥーのステージで優勝し、73年は総合2位まで上り詰めたテヴネだったが、74年は病気で欠場し、多くのファンをがっかりさせた。しかし、75年に万全の体調でツールに臨むと、ついにメルクスを抑えて総合優勝を果たし、少年の頃からの夢を実現させたのだった。その後77年にも総合優勝し、テヴネの名は「シュペール（=スーパー）ゴリラ」という愛称と合わせて、フランス国民に永遠に記憶されることとなった。

フレンチパーツで固められたバイク

そんなテヴネの愛車プジョーは、フランスの部品で固められていた。サンプレックスの変速器、イデアルのサドル、ストロングライトのチェーンホイール、マイヤールのハブ、フィリップのハンドルバー&ステム、リオターのペダルなどである。当時すでにレース用パーツの主流はカンパニョーロになっていたが、プジョーはフランスの名門チームというプライドが高かったため、自国のパーツで自転車を作り上げていたのだ。もちろん、そこには国策という意味もあった。

ブレーキも当然のことながらフランスのマファックを採用していた。マファックを特徴づけていたのは、左右のアームを真ん中で引っ張って作動させる「センタープル方式」のブレーキアーチだ。イタリアは１９２０年代に創業されたブレーキメーカー「ウニヴェルサル（=ユニヴァーサル）」以来、サイドプル方式を主流としていた。当然のことながらカンパニョーロも自社のブレーキアーチを開発

デュアルピボットブレーキの先駆けとなったシマノ・デュラエースBR-7403。宇都宮で世界選が行われた1990年発表。Cアームにセンタープルの方法論が取り入れられている

するに当たってサイドプル方式を採用したのである。カンパニョーロに並々ならぬライバル心を抱いていたフランスのパーツメーカーは、カンパニョーロとは違う方法論でカンパニョーロを凌駕したいと躍起になっていた。そこでマファックは50年代から作り続けているセンタープル方式をリファインし、70年に「トップ63」に代わるレース用最高級ブレーキアーチとして「コンペティション」を完成させたのである。

センタープルの優れている点は、制動力の高さと引きの軽さだった。その理由はアーチの形状を見れば一目瞭然だ。支点（ピボットボルト）と作用点（ブレーキシュー）との距離が短く、力点（ワイヤー取り付け部）との距離が長いので、少ない力で大きな制動力が発揮できるのである。

結局、カンパニョーロやその後に台頭したシマノの前に敗れ去ったマファックだったが、80年代になるとそのコンセプトが復活することとなる。シマノがエアロシェイプを取り入れたデュラエースａｘでセンタープル方式を採用し、カンパニョーロもＣレコードのデルタブレーキでそれに追従したのだ。そして、右にあるＢＲ・７４０３の写真からもわかるとおり、現代のデュアルピボットブレーキにも、Ｃアーム（外側のアーム）にセンタープルの方法論が取り入れられている。

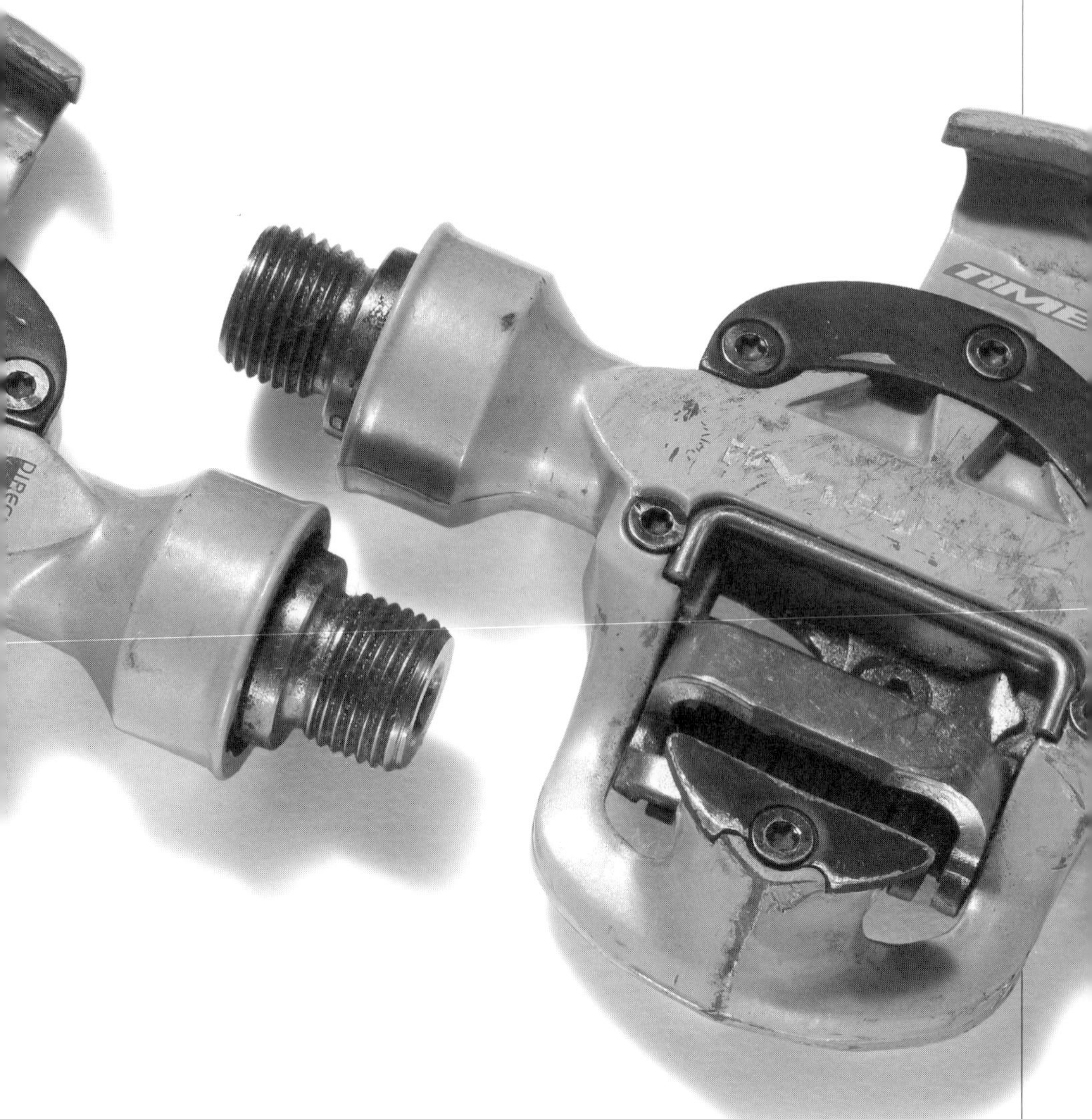
TIME

CHAPTER: 3

PEDAL

Name

Lance Armstrong

ランス・アームストロング（アメリカ）

Debut	1990	Retirement	2011

Item

SHIMANO

PD-7401

ツール7連覇の英雄ランス・アームストロングがこだわり続けた
シマノのクリップレスペダル・PD-7401をご紹介しよう！
※ドーピング違反のため、後にツールのタイトルは、すべて剥奪された。

Supreme Products of
Top Cyclists

#17
Lance Armstrong

クリップペダルからクリップレスへの大転換

1985年、フランスのルックは当時のスーパースター、ベルナール・イノーと契約し、PP-65と名づけられたビンディング式ペダルをプロレースに初めて投入した。イノーはこのビンディング式ペダルを使用し、ジロ・デ・イタリアとツール・ド・フランスの両方を制するダブルツールを達成したのであった。

翌86年、ルックにはデザインをより洗練した新型ペダルPP-75をプロレースに投入する。こちらはグレッグ・レモンが使用して、アメリカ人として初めてツール・ド・フランスを制することに貢献している。

87年にはフランスのタイムがまったく新しいビンディングペダル「50・1レーシング」をプロレースに投入し、ローラン・フィニョンに使わせている。このペダルの特長は、クリートの固定後も足がある程度左右に動く機構をもっていることで、ヒザに故障を抱えているレーサーに絶大な支持を受けた。

これら押しも押されもせぬスーパースターたちの活躍によって、ビンディングペダルは一気に普及し、わずか数年の間にプロレースで使われるペダルはほとんどがトークリップ&ストラップの「クリップペダル」からビンディング式の「クリップレスペダル」へと大転換を果たしたのであった。

王者を虜にした
回転性と堅牢性

オールアルミ製のPD-7401は、まず壊れる心配がなかった。そして、デュラエースのペダル軸とベアリング部は、圧倒的な回転性能とオーバースペックとも言える耐久性を誇った。さらに、本家ルックの製品と比べて左右の出っ張りが小さく、コーナーリング時のロードクリアランスが大きかった

カンパニョーロとシマノは……

この状況に業を煮やしていたイタリアの雄・カンパニョーロも「ＳＧＲ」というビンディング式ペダルを新開発したが、その複雑な機構と重さが災いし、プロレースの世界ではほとんど受け入れられなかった。

一方、当時すでにカンパニョーロの牙城を崩しつつあったシマノとしても、この新方式のペダルを指をくわえてみている訳にはいかなかったのだ当然だ。しかし、シマノはノウハウのないビンディング式ペダルを新開発するという冒険はせず、ルックと共同で新製品を開発するという道を選んだ。ペダル軸と回転部分はシマノが、その上にあるビンディングの部分はルックが製造するというものだ。当然のことながら、ペダル軸と回転部分は当時の最高級モデル「デュラエースＰＤ‐７４００（クリップ式ペダル）」のそれが使われた。そして、ビンディング部分はＰＰ‐75のデザインをさらに洗練させた物が用意された。そして88年、シマノ初のビンディング式ペダル「ＰＤ‐７４０１クリップレスペダル」が完成したのである。

ＰＤ‐７４０１はその品番から明らかなとおりデュラエースグレードの製品だ。製品を入れる箱もデュラエースとまったく同じデザインだった。しかし、製品にはどこにもデュラエースの表示がない。これはシマノのプライドによるものであったと言われている。デュラエースはシマノの技術の粋を結集して作られるレーシングコンポだ。そこに他社のパーツが組み込まれるということを、誇り高きシマノの技術陣が許さなかったというわけである。

驚くべき堅牢性で絶大な支持が集まる

ルックはもともとスキーのビンディングメーカーであり、ビンディング部分の製造はお手のものだ

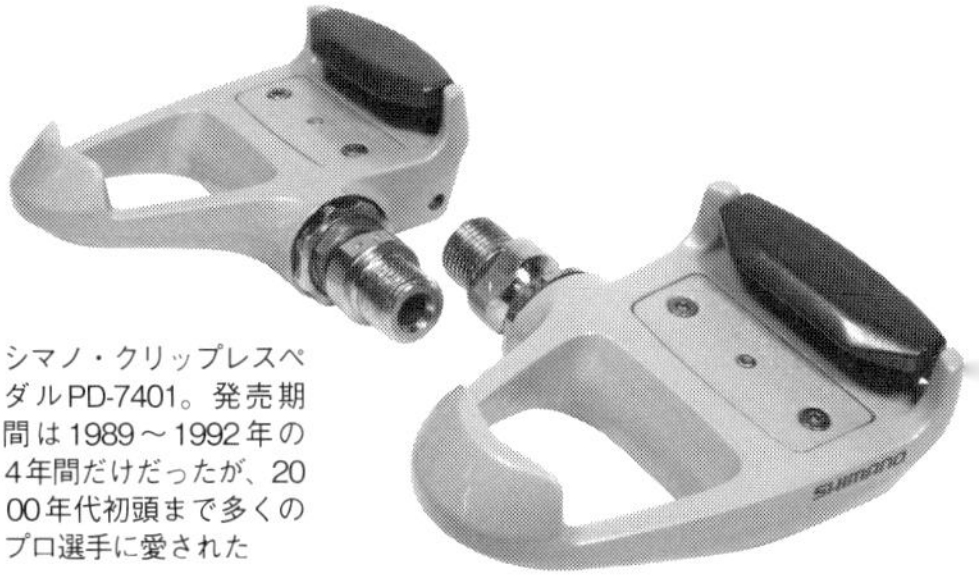

シマノ・クリップレスペダルPD-7401。発売期間は1989～1992年の4年間だけだったが、2000年代初頭まで多くのプロ選手に愛された

った。しかし、回転部分のノウハウはシマノに及ぶべくもない。ＰＤ‐７４０１はまさに両者のイイとこ取りをした製品であった訳だ。プロレースに投入されると、ルックの使い勝手の良さとシマノの回転部分の優秀さが認められ、多くの絶大な支持者を集めるに至ったのである。

　ランス・アームストロングもそんな支持者の一人だった。92年にモトローラからプロデビューすると、基本的にはＳＰＤ‐ＳＬペダルが登場する２００２年までずっとＰＤ‐７４０１を使い続けたのだ。「基本的には」と言うのは、一応ランスも新製品が出るたびにそれらを試しているからだ。93年にＳＰＤペダル・ＰＤ‐７４１０が登場した時には、世界選でもこれを使って、見事優勝を果たしている。しかし、これを使い続けることは拒み、結局ＰＤ‐７４０１に戻ってしまった。

　ランスをそこまで虜にしたのは、その堅牢性の高さと回転性能の素晴らしさである。プロの機材では、レース中に壊れるリスクは最も嫌われる。オールアルミ製でまず故障する心配のないＰＤ‐７４０１は、見事ランスのお眼鏡にかなった訳である。そして、デュラエースの回転部分は、何の抵抗もなくクルクルと回った。他社製品がヌメーっと回るのに対して、これは心理的なアドバンテージも圧倒的であったようだ。

　99年に初めてツールを制したときもＰＤ‐７４０１だった。ツールでは01年までの3年間をＰＤ‐７４０１とともに制している（ドーピング違反のため、後にツールのタイトルはすべて剥奪された）。

　さすがに旧型を使い続けられるのはまずいと思ったシマノは、ランスのためのペダル「ＳＰＤ‐ＳＬ」を開発し、02年からはこちらにスイッチしたのだが、クリートは市販モデルよりも厚みのあるランススペシャルだ。これはペダル軸と足裏との距離をＰＤ‐７４０１と同じにするためであり、ランスはそこまでＰＤ‐７４０１の使い心地にこだわっているというわけである。

Name

Salvatore Commesso

サルヴァトーレ・コンメッソ（イタリア）

Debut	Retirement
1998	2006

Item

TIME
EQUIPE PRO MAGNESIUM

サルヴァトーレ・コンメッソは頑固だ。タイムの当時最新モデル
「i クリック」より3世代も前の「エキッププロマグネシウム」を使い続けたのである。

Supreme Products of Top Cyclists

#18 Salvatore Commesso

自転車にも影を落とすイタリアの南北問題

一般的に「南北問題」といえば、１９６０年代から論じられるようになった先進資本国と発展途上国との間にある経済格差の問題を示す。世界地図の上で見ると、先進資本国が北寄りに多く、発展途上国が南寄りに多いために、こう呼ばれるようになった訳だ。

また、地球レベルでの南北問題と同様に、国レベルや地方レベルの南北問題というのも世界各地に存在する。その最も典型的な例がイタリアだ。ミラノ、ジェノヴァ、トリノを中心とする北イタリアは古くから重工業都市として発展してきたため、住民は比較的裕福である。一方、南イタリアは農業や漁業といった第一次産業を中心としており、北イタリアに比べるとずっと貧しい。この経済格差によって生じる様々な問題が、イタリアの「南北問題」である。

１９５５年、時の財務大臣エツィオ・バノーニは、この南北問題を解消すべく高速道路（アウトストラーダ）の南イタリアへの延長、電話網の拡充などのインフラ整備を図るとともに、南イタリアに工業地域を建設し、製鉄所などを誘致した。いわゆる「バノーニ計画」である。その象徴がミラノからナポリまで伸びる「アウトストラーダＡ１」だ。この高速道路は別名「アウトストラーダ・デル・ソレ（太陽道路）」といい、南北イタリア間の物流を飛躍的に増大させるとともに、南イタリアの経済を大いに潤した。

バノーニ計画は64年まで続けられて一定の成功を収めたが、北イタリアからは「我々の収めた税金がほとんど南イタリアへ持っていかれる」という不満が噴出し、南北の分離を唱える「北部同盟」のような珍しい政党が台頭するという結果も生んでしまう。世界各国

ライダーのペダリングパワーを逃がさない堅牢さが魅力

1997年の「50.1」の発表以来、タイムのペダルは「エキップMg」、「エキッププロMg」、「インパクトMg」、「RXS」、「iクリック」と進化してきた。これはコンメッソが愛用するエキッププロMgだ。1993年に発表されたモデルである

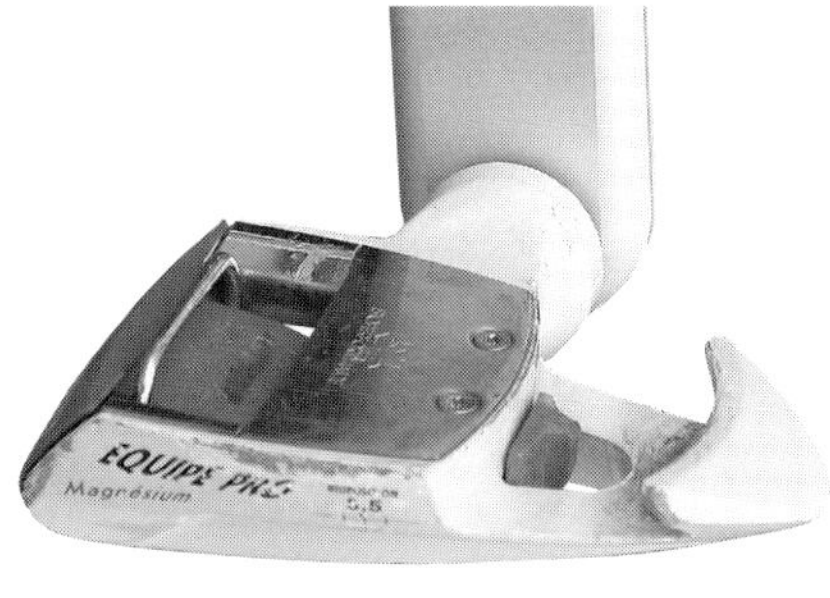

2005ツールのTTステージを走るコンメッソ。ずんぐりとした体格に似合わず、独走力も高かった

に分離独立を訴える政党・団体は数知れないが、それらはほぼ例外なく民族・宗教問題を根底にもっている。「珍しい」と表現したのは、北部同盟は民族・宗教問題に関係なく、経済問題を軸に分離独立を唱えた政党であったからだ（ちなみに現在、北部同盟の攻撃対象は南イタリアから不法移民へとシフトしている）。

そんなイタリアの南北問題は、自転車競技にも大きな影を落としている。自転車競技を始めるためには、高価な競技用自転車を手に入れなければならない。しかし、かつて南イタリアの人々にとってそれは簡単に買える物ではなかった。そのため南イタリアでは自転車競技が盛んではなく、多くの少年がスポーツとしてサッカーを選んだ。今では南イタリアの生活水準も上がり、自転車くらい買えるようになったものの、長年の伝統はそう簡単に変わるものではない。現代でもイタリアのプロロード選手はロンバルディア州、ヴェネト州、ピエモンテ州など北イタリア出身者が圧倒的に多いのはそのためだ。以上のような理由により、主要なレースは北イタリアに集中しており、イタリア全土をまわるジロ・デ・イタリアでさえ南イタリアはあっさりと通過する傾向にある。

それでもコンメッソは自転車競技を選んだ

サルヴァトーレ・コンメッソは1975年3月28日、ナポリ郊外の町トッレ・デル・グレコに生まれる。当時、地元のサッカーチーム「SSCナポリ」は絶頂期を迎えていた。コンメッソが生まれた75年にはコッパ・イタリアを獲得しており、さらに84年に不世出の天才レフティー、ディエゴ・マラドーナが加入すると、85年に再びコッパ・イタリアを、86年と89年にはスクデットを獲得している。

そんな雰囲気もあって、まわりの若者たちはサッカーに夢中になっていた。

しかし、コンメッソの心を捕らえたのは自転車競技だった。18歳になるとミラノの郊外へ移り住み、アマチュア選手生活を送るようになる。当時、北イタリアで走っていた元日本鋪道の柿木孝之は「太っていて、何だかピザ職人みたいな選手が来たと最初は思いましたよ。でも平坦でも上りでも僕より速くて、『何だコイツ！』と思いました。あいつは全身筋肉なんですね」と振り返る。アマチュア時代から、その強さは飛び抜けていたようだ。

コンメッソは22歳になった98年にサエーコからプロデビューすると、99年にはツールで区間1勝を挙げ、イタリアチャンピオンにも輝いた。さらに2000年にもツールで区間1勝を果たし、02年に再びイタリアチャンピオンとなっている。

そんなコンメッソが一貫して使い続けたペダルが、タイム・エキッププロマグネシウムだ。彼はサエーコを受け継いだランプレを辞める06年までの9年間、ずっとこのペダルを使い続けた。もちろんサプライヤーのタイムとしては新型のインパクトやRXSを使ってほしかったのだが、コンメッソはかたくなに拒否。「慣れたペダルは換えたくない」というのがその理由だった。「全身筋肉」から繰り出す大パワーを受け止めるのに、この踏面の大きいペダルが最適だったのだろう。

94ページの大きな写真は、05ツールの最終日、シャンゼリゼでのひとコマだ。数人の逃げに乗ったコンメッソであったが、雨に濡れたパヴェ（石畳）で落車してしまった。無線を使ってサポートカーを呼ぶが、その横を無情にも後続の集団が通り過ぎていく。そんな彼のバイクには、やはりそのペダルが……。フレームもかたくなにアルミを使い続けていた。貧しかった南イタリア出身のコンメッソ。恐らく彼は両親から「物を大切にしなさい」といわれて育ってきたのだろう。そんな彼の幼少期が、こういう選択に影響しているのかもしれないと、ふとこのときに思った。

Campagnolo
PATENT

DERAILLEUR, COMPONENT, CRANK, CHAIN RING

CHAPTER: 4

Name

Fausto Coppi

ファウスト・コッピ（イタリア）

Debut	1940	Retirement	1955

Item

CAMPAGNOLO
CAMBIOCORSA

カンピオニッシモ（チャンピオンの中のチャンピオン）と称されるイタリアの
国民的英雄ファウスト・コッピは、初期のカンパニョーロととても密接な関係にあった。

Supreme Products of
Top Cyclists

#19
Fausto Coppi

イタリア国民の希望の星

ファウスト・コッピは1919年9月15日、イタリア・ピエモンテ州カステッラーニアに生まれた。1940年に19歳という若さでジロ・デ・イタリアを制するという衝撃的なデビューを飾ると、42年には45・798㎞/hというアワーレコードを樹立。一躍、イタリアの国民的な英雄になったものの、第二次世界大戦によりキャリアを中断せざるを得なくなった。もし仮に戦争がなかったら、コッピの勝利の記録は、さらにすごいものになっていたはず。カンピオニッシモと称されるコッピだが、そういった意味では不遇の選手でもあったのだ。

コッピが再びレースに復帰したのは戦後の1946年のことだった。この年にミラノ〜サンレモとジロ・ディ・ロンバルディーアを制すると、翌47年には2度目のジロ・デ・イタリア総合優勝、さらにロンバルディーアでも2度目の優勝を果たした。さらに49年にはジロ・デ・イタリアとツール・ド・フランスの両方を制する「ダブルツール」を歴史上初めて達成し、さらにミラノ〜サンレモとジロ・ディ・ロンバルディーアも制した。戦勝国であるフランスやベルギー、オランダ、スペインの選手たちを次々と退けて勝利を量産するコッピにイタリア国民は狂喜乱舞し、敗戦に打ちひしがれていた民衆にとって希望の星となったのである。

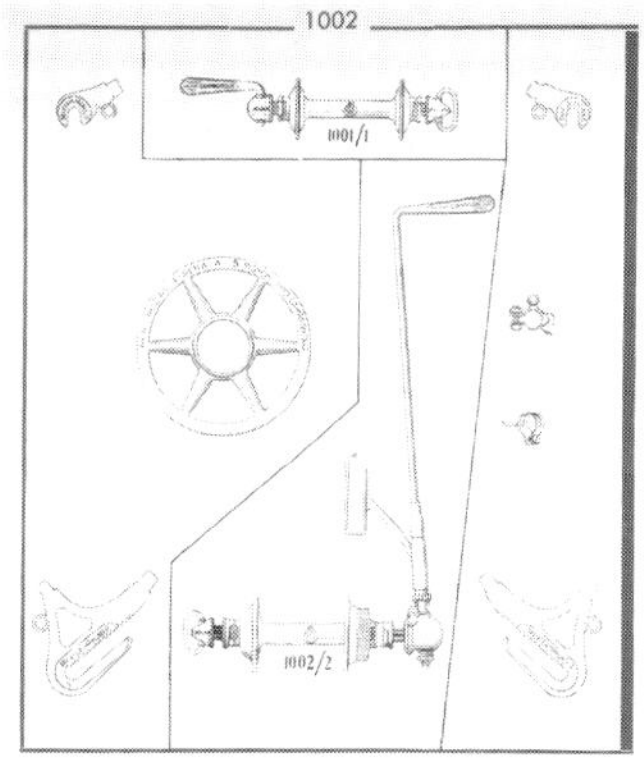

“カンピオニッシモ”の栄光を支えた最高の相棒

パラレログラム式の名作「グランスポーツ」が登場する以前にカンパニョーロが製造していたロッド式のリアディレイラー。初期は2本ロッド式だったが、後期モデルでは1本ロッド式になった。コッピが1950年のパリ〜ルーベを制したときは、1本ロッドを使用した

パヴェに強かったカンピオコルサ

この頃、コッピが使用していた変速器が、カンパニョーロが誇るロッド式変速器「カンピオコルサ」だった。イタリア語でカンピオは変速器、コルサはレースのことで、要するに「レース用変速器」という何とも味気ないネーミングだった。

このカンピオコルサであるが、今の手元変速システムに慣れた人にとって、考えられないような扱いの難しい変速器であった。シートステーに取り付けられた2本のロッドを操作することにより変速をしていたのだ。選手たちは変速したいと思ったとき、おもむろに後方に手を伸ばし、まずは1本のロッドを使ってリアハブのクイックリリースを緩める。続いて、もう1本のロッドを操作してチェーンを移動させ、変速をする。そして、チェーンのテンションを適正にした後に最初のロッドを操作してクイックリリースを締め込んだのである。

この一連の操作にはかなりの熟練を要したが、ファウスト・コッピやジーノ・バルタリといったチャンピオンたちは、まさに神がかり的ともいえる見事な手さばきにより、よどみなく変速を完了させる技量をもっていた。それは、一流のサッカー選手が見事なドリブルやパスを行うのと同様に、当時のプロ選手に要求されたスキルであったといえるだろう。

操作の面倒なカンピオコルサであったが、現代の変速器でもかなわない優秀な点があった。チェーンがシングルギヤのように張られるため、いったん変速を完了してしまえば、たとえ荒れたパヴェ（石畳）を走行したとしてもまずチェーン外れが起こらなかったのだ。事実、コッピはその特性を生かして、50年のパリ〜ルーベを制している。以来、カンピオコルサは「通称「パリ〜ルーベ」とも呼ばれるようになったのであった。

サンプレックスから再びカンパニョーロへ

カンパニョーロの創始者トゥーリオ・カンパニョーロはコッピへのサポートを惜しまず、コッピもカンパニョーロの製品を愛し続けた。しかし、1949年の始めに一度だけ、コッピはカンパニョーロを裏切ってフランスのサンプレックスを使ったことがある。サンプレックスのリュシアン・ジュイは経営者としても優秀な手腕を持った人物で、コッピに多額の契約金を提示したのだ。

しかしそのスライドシャフト式変速器の性能は、チームメイトたちの要求を満足させるものではなかった。コッピの優秀なアシストだったアンドレア・カレラなど、5月のジロ・デ・イタリアの時期になると「ゴール前でスプリントに入ろうとしたとき、変速に1分もかかってしまったんだぜ。それですべてが終わったよ。もうサンプレックスはこりごりだ！」とあからさまに不満をぶちまけた。

じつはこの頃には、コッピ自身も同様の考えになっていた。多額の契約金のためにサンプレックスを使うことにしたものの、変速性能や回転抵抗、耐久性で圧倒的にカンパニョーロのカンビオコルサが優れているということを、サンプレックスのスライドシャフト式変速器と〝浮気〟をすることにより思い知らされたのであった。

そこで、コッピはふたたびトゥーリオ・カンパニョーロと交渉し、7月のツール・ド・フランスでは再びカンビオコルサに戻したのであった。カンパニョーロも、二度とコッピを手放すまいと、3年間2300リラという破格の契約金を用意し、以来コッピとカンパニョーロは切っても切れない蜜月の関係となったのであった。

2本ロッド式のカンビオコルサを装備した自転車の前に立つ、カンパニョーロの創始者トゥーリオ・カンパニョーロ。自転車の歴史を変えた男だ

Name

Freddy Maertens

フレディ・マルテンス（ベルギー）

Debut 1973 Retirement 1981

Item

SHIMANO
CRANE

シマノ・デュラエースの第一歩を飾ったリアディレイラーは
じつにつつましやかなものであった。その名は「クレーン」。
デュラエースの一員でありながら、デュラエースの名前が冠されていなかったのだ。

#20
Freddy Maertens

フラーンデレンが生んだ天才ライダー

フレディ・マルテンスは1952年2月13日、ベルギー・西フラーンデレン地方の海沿いの町・ニーウポールトに生まれた。世界一選手層の厚いフラーンデレン地方にあってもマルテンスの実力はずば抜けていた。71年、19歳のときに出場したベルギーアマチュア選手権であっさりと優勝すると、その年のアマチュア世界選でも2位に入って世間をあっと言わせた。

マルテンスはタフなレースで抜群の強さを発揮し、上りもそこそここなすことができたが、何といってもそのスプリントが圧倒的だった。彼がスプリントを開始すると、その後には誰もついていけず、いつも単独でゴールラインを走り抜けているほどだった。今でもマルテンスを「史上最強のスプリンター」と賞賛する関係者は多い。

73年、マルテンスは伝統あるフランドリアチームからプロデビューを果たす。奇しくもこの年、シマノ（当時は島野工業）は同社の最高級レーシングコンポとしてデュラエースを開発するとともに初めてヨーロッパに進出し、フランドリアをスポンサードして「シマノ・フランドリア」チームを立ち上げた。つまり、マルテンスがプロ入りして初めて使用したコンポが新生デュラエースだったわけである。

マルテンスの活躍は、プロになってもとどまることを知らなかった。まずダンケルクの4日間で総合優勝すると、ロンド・ファン・フラーンデレンでは2位、パリ〜ルーベでは5位に入賞したのであ

最高級レーシングコンポの原点

1971年、アメリカ市場向けに開発されたアルミ合金製リアディレイラー。サンツアーのスラントパンタ機構に対抗して「サーボパンタ機構」を採用する。73年に高級コンポ「デュラエース」が開発されると、そのリアディレイラーとして採用された。マルテンスが73年の世界選で使用したのもクレーンである

る。新人らしからぬ活躍ぶりにベルギー国民は歓喜し、デュラエースの知名度も高まっていった。

カンパニョーロがシマノを封じ込めた？

そして向かえた73年の世界戦で、マルテンスは怪物エディ・メルクスとともに優勝候補筆頭に挙げられた。レースが始まると予想どおり2人は強く、最終的に優勝の行方はマルテンス、メルクスのベルギー勢、イタリアのフェリーチェ・ジモンディ、スペインのルイス・オカーニャの4人に絞られた。

1973年、シマノはベルギーのフランドリアチームをスポンサードし、新開発のデュラエースをヨーロッパのプロレースに初めて投入した

通常ならベルギーの2人が有利なはず。絶対的なエースのメルクスをマルテンスがアシストするというのが定石だった。しかしこの日、メルクスは生彩を欠き、ゴール前でスプリントをあきらめてしまった。慌ててスプリントを開始したマルテンスだったが、ジモンディにわずかに及ばず2位に甘んじる。3位はオカーニャで、メルクスは4位に沈んだ。

最初からスプリントに強いマルテンスをエースとしていれば、彼が優勝したのは明白だった。そこで、「カンパニョーロがシマノを封じ込めたのではないか」という憶測が飛んだ。カンパニョーロを使うメルクス、ジモンディ、オカーニャが、シマノを使うマルテンスの優勝を阻止したというのだ。

この件に関しては色々な書物に記載されているが、メルクスもジモンディも「そんなことはなかった」ときっぱりと否定している。実際、カンパニョーロVSシマノというよりは、絶対君主のメルクスと若き成長株のマルテンスとの確執が生んだ一件であったというのが本当のところだろう。メルクスはシマノを勝たせたくなかったのではなく、マルテンスを勝たせたくなかったのである。しかし、そんな憶測が飛んでしまうほど、当時のヨーロッパはシマノの進出を脅威に感じていたということなのだろう。もちろん、その背景には日本製品の容赦ない輸出攻勢があったわけだが……。

初代デュラエースに採用されたクレーン

さて、マルテンスが73年に使用した初代デュラエースであるが、まだこの年には専用のリアディレイラーは開発されておらず、既存の「クレーン」が採用された。システムコンポ「デュラエース」のなかにあって、リアディレイラーにだけ「クレーン」の名称が刻まれているというのは奇異に見えた。デュラエースがそれだけ急ごしらえだったということだが、同時にクレーンの変速性能が高く、アメリカ市場で人気を博していたという証左でもある。

当時カンパニョーロが縦型のリアディレイラー（通称「縦メカ」）だったのに対し、シマノはクレーンで「横メカ」の優秀性をヨーロッパに問うた。それ以来約20年間、縦メカVS横メカの論争となるわけだが、90年代初頭にカンパニョーロが横メカを採用するに至って、長い論争にもついに終止符が打たれた。そういった観点から見ると、クレーンが競技用自転車の技術発達史に果たした役割は極めて大きかったということができるだろう。

Name

Jacques Anquetil

ジャック・アンクティル(フランス)

Debut	Retirement
1953	1969

Item

SIMPLEX
JUY RECORD 60

現在、プロのロードレースで使用されているリアディレイラーのすべてが、
1949年に開発されたパラレログラム式という機構をもっている。これに対抗するスライドシャフト式のリアディレイラーを愛用し、61年のツールを制したのがジャック・アンクティルだ。

Supreme Products of
Top Cyclists

#21
Jacques Anquetil

タイムトライアルのスペシャリスト

フランス北部、オート・ノルマンディー地域圏の首府ルーアンは、ジャンヌ・ダルクが火刑に処された町として有名だ。アンジャック・アンクティルは1934年1月8日、そのルーアン郊外にある小さな町モン・サン・テニャンで生まれた。アンクティルの家族はイチゴの栽培をしていて、ジャックも少年時代には朝から晩まで腰をかがめてイチゴ摘みの手伝いをした。

ジャックは4歳のとき、当時フランスで人気のあったアルシオンの自転車を買い与えられた。彼は毎日、その自転車で町中を走り回った。50年に地元のアマチュアクラブに入り本格的にレースを始めると、翌51年にはルーアンで開催された「グランプリ・モーリス・ラトゥール」というレースで早くも初勝利をあげている。そして、52年にはヘルシンキ五輪のフランス代表に選出され、100kmチームタイムトライアルで銅メダルを獲得した。

53年、個人タイムトライアルレース「グランプリ・デ・ナシオン」で、アンクティルはアマチュアながら2位のプロ選手に6分以上の大差をつけ

スライドシャフト式
変速器の極致

1971年、アメリカ市場向けに開発されたアルミ合金製リアディレイラー。サンツアーのスラントパンタ機構に対抗して「サーボパンタ機構」を採用する。73年に高級コンポ「デュラエース」が開発されると、そのリアディレイラーとして採用された。マルテンスが73年の世界選で使用したのもクレーンである

て優勝。２００４年限りで中止となってしまった同レースだが、当時は大変人気が高く、彼の名は一躍ヨーロッパ中に知れ渡ることとなった。これが認められて同年に「ラ・ペルル」チームからプロデビューを果たす。そして、その後アンクティルは１９５８年までグランプリ・デ・ナシオンで6連覇を達成するとともに、61、65、66年にも優勝しており、合計9勝というとてつもない記録を打ち立てている。

57年にはツール・ド・フランスに初出場で初優勝し、さらに61～64年に4連覇を果たしている。60年にはフランス人として初めてジロ・デ・イタリアで優勝（64年にも勝っている）。63年にはブエルタ・ア・エスパーニャも制し、3大ツールすべてに勝った初めての選手となった。

グランプリ・デ・ナシオンでのとてつもない記録からわかるとおり、アンクティルが最も得意としていたのはタイムトライアルだ。背中を丸めた流線型のランディングフォーム、ツマ先がカカトよりも下がった「ツマ先ペダリング」、ダンシングをほとんどせずシッティングでどこまでも走り続けるのが彼の特徴だった。その美しいライディングフォームはイチゴの収穫によって培われたものだと言われている。彼に与えられた愛称は「メートル（巨匠）・ジャック」、「ムッシュ・クロノ（ストップウォッチ）」だ。

フランス製の自転車で勝利を重ねた

アンクティルがデビューした頃はまだフランスの自転車工業全盛の時代で、フランスのチームはフランスの自転車を使用するのが当たり前だった。ストロングライトのクランク、マファックのブレーキ、そしてサンプレックスのスライドシャフト式変速器というのがアンクティルのトレードマークにもなっていた。リアディレイラーについていうと、デビュー当時は「ジュイ51」を使用していたが、55年からは前年暮れに発表された名作「ジュイ５４３」を使用するようになり、60年までこれを使っていた。ジュイ543の製品名は5、4、3段変速対応ということに由来し、変速レバーの他にテンション調整レバーがついた「デテンション機構」をもっているのが特徴だった。

すでにイタリアのチームは、50年以降はカンパニョーロのパラレログラム式変速器グランスポルトを使用していた。変速性能や耐久性、操作のしやすさなど、サンプレックスよりカンパニョーロのほうが優位に立っていたのは明らかだったが、当時まだ誇り高きフランス人たちはイタリア製品を使うことをよしとしなかった。

カンパニョーロがレース界でシェアを伸ばしてからもサンプレックスはスライドシャフト式をあきらめず、60年にはデテンション機構を省略し、より洗練された「ジュイレコード60」を発表する。アンクティルもそんなサンプレックスの心意気に応え、その変速器で61年のツールを制したのだが、結局これがスライドシャフト式変速器による最後のツール制覇となってしまった。61年にはサンプレックスもついにスライドシャフト式変速器をあきらめ、パラレログラム式の「ジュイエキスポール61」を発表したからだ。62年にもアンクティルはツールを制するのだが、彼の自転車に装着されていた変速器はサンプレックスが新たに開発したデルリン（プラスチックの一種でデュポンの登録商標）製のパラレログラム式変速器「プレステージ」だった。

その後、サンプレックスはすべてのリアディレイラーをパラレログラム式に変更したのだが、70年代にオイルショックの煽りやシマノの台頭などの影響を受け、徐々にシェアを失っていくこととなる。そして、80年代にひっそりと生産を止めたのだった。

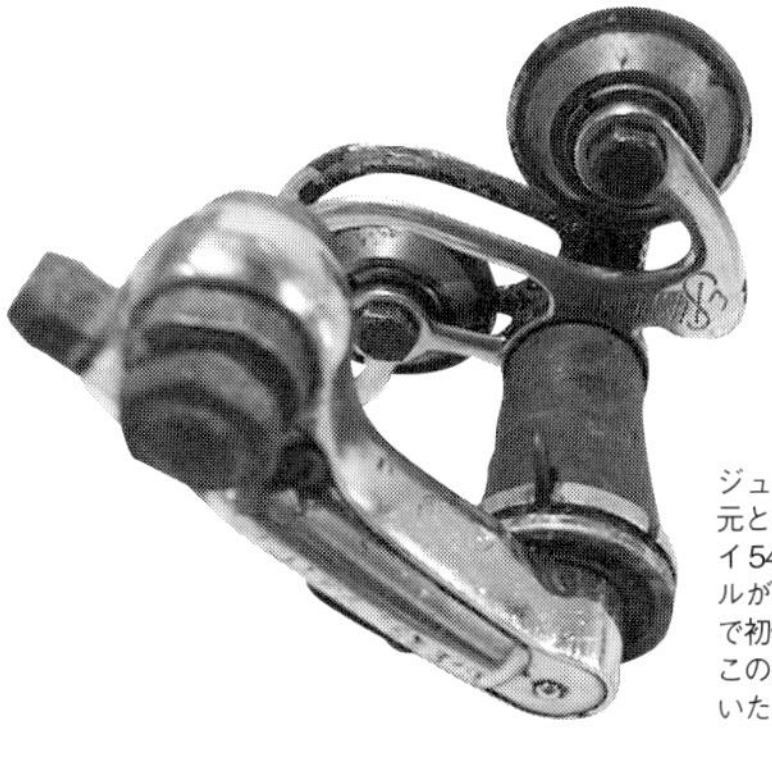

ジュイレコード60の元となった名作「ジュイ543」。アンクティルが1957年にツールで初優勝したときには、この変速器を使用していた

Name

Gastone Nencini

ガストーネ・ネンチーニ（イタリア）

Debut	Retirement
1953	1965

Item

CAMPAGNOLO
RECORD FRONT DERAILLEUR

1960年にカンパニョーロ・レコードの新型フロントディレイラーを使用したガストーネ・ネンチーニは、見事念願だったツール・ド・フランスを制覇した。

Supreme Products of
Top Cyclists

#22
Gastone Nencini

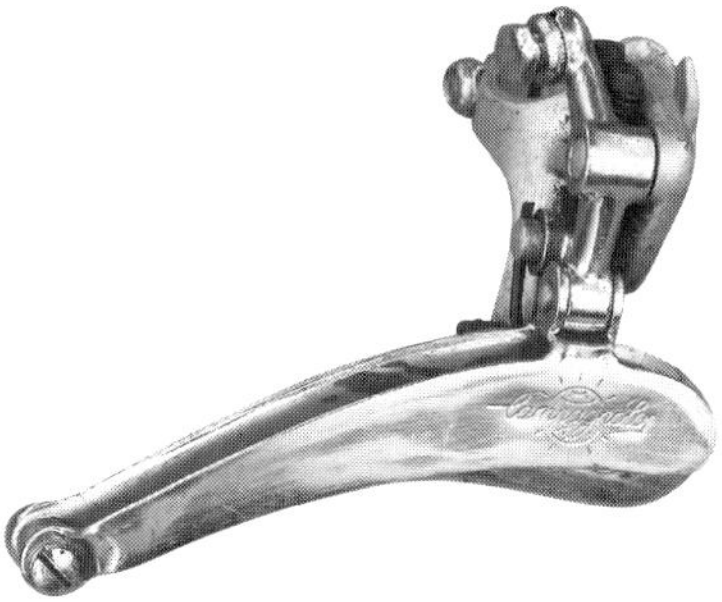

スムースなフロント変速が可能なロングセラーモデル

カンパニョーロが1959年に発表したフロントディレイラーである。それまではどのメーカーもスライドシャフト式だったが、カンパニョーロはこのレコードでグランスポルトのリアディレイラーと同じパラレログラム機構を取り入れたのである。その性能は圧倒的で、基本的な構造をまったく変えることなく、85年までプロレースの第一線で使われ続けた

「ムジェッロのライオン」と呼ばれた男

ガストーネ・ネンチーニは１９３０年３月１日、イタリア・トスカーナ州フィレンツェ県のバルベリーノ・ディ・ムジェッロで生まれた。１９３０年のイタリアといえば、ムッソリーニ率いるファシスト党の独裁政権下だ。１９３９年、ネンチーニが9歳のときには第二次世界大戦が勃発し、イタリアは悠長に自転車競技をやっていられる状況ではなくなっていった。45年に終戦を迎えたものの、荒廃したイタリアでは自転車競技をすることもままならず、ネンチーニは選手として重要な10代後半の時期に不遇の生活を強いられている。

しかし、50年代の初めになってやっと自転車競技を本格的にできるようになると、ネンチーニはみるみる頭角を現すようになる。53年の世界選ではイタリア代表に選ばれ、見事2位でフィニッシュ。この功績が認められ同年、名門レニヤーノからプロデビューを果たしている。55年には早くもジロ・デ・イタリアで区間2勝と山岳賞を獲得。総合でも3位に入るという新人らしからぬ活躍を見せた。

さらに、56年にはツール・ド・フランスで区間1勝。57年にはジロの総合優勝を果たすとともに、ツールで区間3勝と山岳賞獲得、総合でも6位という活躍を見せている。そんな勇猛果敢なネンチーニに与えられたニックネームは「ムジェッロのライオン」だ。

このライオンは、イタリア人選手としては珍しく、ジロだけでなくツールにも全力を傾けた選手だった。58年には、ジロ、ツ

ールともに総合5位という輝かしい成績を残している。しかし、59年にはジロで総合10位にとどまるのみで、めぼしい成績を挙げることができなかった。選手ならば誰もが経験するスランプである。そこで、59年の冬から60年の春にかけて、ネンチーニはそれまでシーズンオフの倍の距離を走り込んだ。

この走り込みは、見事に功を奏した。再起をかけた60年のジロで総合2位になると、同年のツールでは念願の総合優勝を果したのである。この勝利によって、ネンチーニは真のレジェンドとして多くの人の記憶に残る選手となったのである。

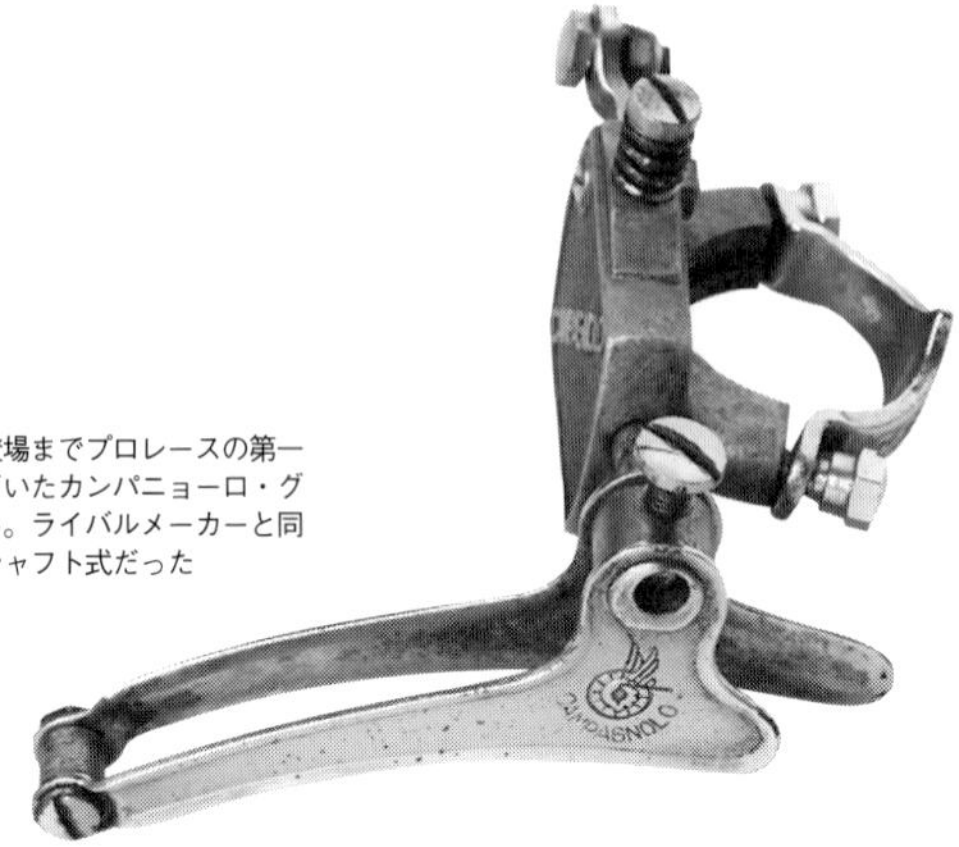

レコードの登場までプロレースの第一線で使われていたカンパニョーロ・グランスポルト。ライバルメーカーと同じスライドシャフト式だった

フランスの英雄・リヴィエールとの激闘

この60年のツールの勝利は、まさに激闘と呼ぶに相応しい名勝負として語り継がれている。第1ステージからマイヨジョーヌを着たネンチーニだったが、下馬評はフランスの若き英雄ロジェ・リヴィエールのほうが高かった。リヴィエールはアワーレコードを打ち立て、このツールに乗り込んでいたからだ。今でこそあまり人気のないアワーレコードだが、当時は世界選制覇に匹敵するほど権威の高いタイトルだったのだ。

案の定、ステージが進むに従って、リヴィエールはネンチーニを追い詰めていった。しかし、本格的な決戦の場であるアルプスを前にして、中央山塊のステージでとんでもない事故が起こってしまう。何とリヴィエールが崖から転落し、選手生命を奪われる大けがを負ってしまったのだ。

その後、ジャン・アドリアンセンやハンス・ユンカーマンといったライバルたちがネンチーニを追い上げたが、ネンチーニは見事最終日までマイヨジョーヌを守りきり、念願のツール制覇を果たしたのであった。

ネンチーニを勝利に導いた新兵器

さて、この60年のツールで、ネンチーニはある新兵器をひっさげていた。それが今回取り上げたカンパニョーロ・レコードのフロントディレイラーである。それまでのフロントディレイラーは、サンプレックスやユーレーといったフランスのライバルメーカーはもちろんのこと、カンパニョーロもスライドシャフト式だった。49年に発表されたリアディレイラー「グランスポルト」で世界に先駆けてパラレログラム機構を取り入れていたカンパニョーロだったが、フロントディレイラーに関しては旧態依然としたスライドシャフト式を選手たちに供給していたのだ。

もちろん、トゥーリオ・カンパニョーロの頭の中にはパラレログラム式フロントディレイラーの構想はあった。だが他のパーツの開発で忙しく、それが結実したのがリアディレイラーのパラレログラム化から10年後の59年だったのだ。つまり、パラレログラム式フロントディレイラーのデビューは、このネンチーニがツールを制した60年だったのである。

競技用自転車の世界に数多くのイノベーションを起こしてきたトゥーリオ・カンパニョーロだが、このパラレログラム式フロントディレイラー「レコード」は最も成功した作品の一つだ。ベルナール・イノーが最後に優勝したツールを覚えておられる方も多いだろう。そう、若きグレッグ・レモンのアシストによって優勝した85年のツールである。この年までカンパニョーロはプロチームに74年発表のスーパーレコードを供給していたのだが、そのフロントディレイラーは基本的にネンチーニが使ったモノと変わらないのである。

Name

Steven Rooks

ステーフェン・ロークス（オランダ）

Debut	Retirement
1983	1995

Item

SUNTOUR
SUPERBE PRO

1980〜90年代にかけて、レース界で異彩を放つコンポブランドがあった。
日本のマエダ工業が誇る「サンツアー・シュパーブプロ」もそんなコンポのひとつだ。

Supreme Products of
Top Cyclists

#23
Steven Rooks

山のない国オランダの山岳スペシャリスト

ステーフェン・ロークスは1960年8月7日、オランダ北ホラント州オテルレークに生まれた。日本では英語読みで「スティーヴン・ルークス」と表記されることが多かったが、オランダ語の発音は「ステーフェン・ロークス」に近い。

ロークスは83年にプロ入りするといきなりリエージュ～バストーニュ～リエージュを制するという鮮烈のデビューを飾った。その後86年にはアムステル・ゴールドレース、88年にはチューリッヒ選手権を制するなど、クラシックレースで強さを誇った。また、国内選手権でも強く、87年にデルニーのオランダチャンピオンになると、91年と94年にはロードのオランダチャンピオンとなっている。

山のないオランダの選手ながら、ロークスは山岳で圧倒的な強さを誇った。ツール・ド・フランスでは山岳でライバルに差を付ける走りで96年には総合9位、88年には総合2位で山岳賞も獲得している。

シュパーブプロで世界選ロード2位

そんなロークスが、バックラーチーム時代の90～91年に使用したコンポーネントが、日本のマエダ工業が誇るサンツアー・シュパーブプロだ。

シュパーブプロは、言うなれば日本の中

90年代初期までプロレースで活躍した最高級コンポ

日本のマエダ工業が、スギノ、三信技研、吉貝金属、三ヶ島ペタルなどの協力を得て作り上げた最高級ロード用コンポーネント。オランダのバックラー、スペインのアマヤ・セグロスなどに供給され、ツールを始めとするプロレースでも大活躍した

60年代誕生のサンツアーのレース用変速器・コンペティション。この角度からみると、パンタグラフ部が斜めになっていることがわかる

小企業の力を結集する形で生まれた。大企業シマノのデュラエースに対抗するには、サンツアーのマエダ工業はあまりにも非力だった。そこでマエダ工業が音頭を取り、専門メーカーの協力を得ることによって、デュラエースに対抗できるコンポ「シュパーブプロ」を完成させたのである。すなわち、マエダ工業は得意の変速系とフリーホイールを製造し、他のパーツはそれぞれの専門メーカーに製造を依頼したのである。チェーンホイールはスギノ、ハブは三信技研、ブレーキは吉貝金属、ペダルは三ヶ島ペタルがそれぞれ製造を担当した。

マエダ工業はじつにイノベーティブなメーカーだった。今では当たり前になったリアディレイラーのスラントパンタ機構を考案したのもマエダ工業だ。スラントパンタ機構とは、リアディレイラーのパンタグラフ部を斜めにして、プーリーをフリーホイールに沿って動くようにすることで変速性能をアップさせるというもの。今ではシマノもカンパニョーロもスラムも採用している機構だが、82年まではマエダ工業のパテントで、他のメーカーが真似をすることができなった。シマノ・デュラエースがスラントパンタ機構を取り入れたのは、83年に発売された7400系からだ。

そんな先進性あふれるマエダ工業であるから、シュパーブプロにも数々のイノベーティブな機構が取り入れられていた。その最も特徴的なのは、回転性能の追求である。今でこそ回転部分にシールドベアリング（当時、マエダ工業はカートリッジベアリングと呼んでいた）を使うのは当たり前になってきているが、当時はまだカップアンドコーン方式が主流だった。しかし、シュパーブプロではハブやボトムブラケット、ペダル、リアディレイラーのプーリーに至るまで、他社に先駆けて積極的にシールドベアリングを採用していたのである。シュパーブプロの最終モデルでは、リアディレイラーのピボット部にまでシールドベアリングを入れ、チェーンテンションが走行抵抗になるのを最小限に抑えるという徹底ぶりだった。

これらの相乗効果によって、「サンツアー・シュパーブプロはシマノ・デュラエースやカンパニョーロ・レコードよりも走行感が軽く各種操作のタッチも軽い」という評判が選手の間に広まった。そして、その性能が認められ、オランダの強豪チーム「バックラー」や山岳に強いスペインのチーム「アマヤ・セグロス」が採用するまでに至ったのである。

実際のところ、ロークスは個人的にシュパーブプロが気に入って使い始めたという訳ではない。チームがシュパーブプロを採用したので、使い始めたというだけだ。しかし、シュパーブプロを使って91年のオランダ選手権を制したり、世界選でジャンニ・ブーニョに次ぐ2位でフィニッシュしたりと、自信のキャリアのなかでもかなりの活躍をした。

11Tコグもサンツアーのアイデア

シュパーブプロとは直接関係ないのだが、サンツアーを語るときに11Tのコグを採用した「マイクロドライブ」にも触れておいたほうが良いだろう。今ではシマノのMTBコンポも11Tトップのコグを当たり前のように使っているが、これをMTBコンポにマイクロドライブの名前で初めて取り入れたのもサンツアーだった。トップを11Tにすることでドライブトレインをコンパクト化し、軽量化するとともに地面とのクリアランスも広げるというアイデアで、単純な発想ながらマエダ工業の先見の明には、やはり感心せざるを得ないだろう。

Name
Chris Boardman

クリス・ボードマン（イギリス）

Debut	Retirement
1993	2000

Item

MAVIC
ZAP SYSTEM

シマノを使うプロチームのほとんどがDi2を使用するようになったが、
電動変速システムの元祖はシマノではない。
何とフランスのマヴィックなのである。

Supreme Products of
Top Cyclists

#24
Chris Boardman

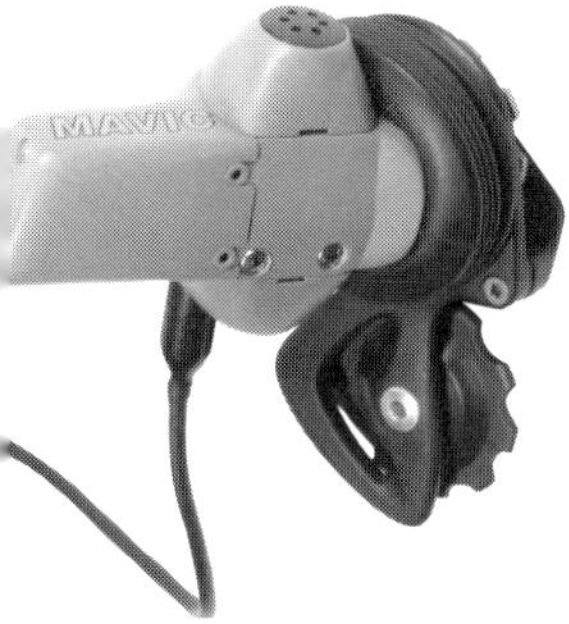

1993年に実用化された電動変速器の元祖

フランスのマヴィックが世界に先駆けて開発した電動変速システム。リヤディレイラーのモーター収納部が横に大きく張り出しており、お世辞にもスマートとは言えないフォルムだが、その先進性は賞賛せざるを得ない。さすがTGVの国フランスだと言えるだろう

不屈の精神でアワーレコードを更新

クリス・ボードマン（フルネームはクリストファー・マイルズ・ボードマン）は1968年8月26日、イングランド北西部の町・ホイレイクに生まれた。13歳のときに初めてロードレースに参加するとただちに頭角を現し、16歳のときにはイギリスのナショナルチーム入りを果たしている。当時、彼に付いたあだ名は「プロフェッサー」。トレーニング理論を徹底的に追求し、真摯に練習にはげむ姿勢から、まわりの仲間がそう呼び始めたのだ。

ボードマンはタイムトライアルを得意としていた。「得意」と言っても、得意の程度が半端ではない。当時プロチームに所属していたどの選手よりも素晴らしい記録を出すことができたのだ。そこで、彼が最初に目指したのはアワーレコード（1時間にどれだけの距離を走れるかを競うトラック種目）の更新だった。そして、同年代のイギリス人選手グレアム・オブリーとともに、次々と記録を塗り替えていったのである。93年7月17日、オブリーが、フランチェスコ・モゼールの84年の記録51・151㎞を破る51・596㎞を樹立すると、ボードマンはわずか6日後の23日にボルドーで52・270㎞を叩き出す。すかさずオブリーも4日後の27日に同じボルドーで51・713㎞を樹立したのである。

もちろん、当時のトッププロ選手たちも黙ってはいなかった。ミゲール・インドゥラインが94年9月2日にボルドーで53・040㎞という驚異的な新記録を樹立すると、こんどはトニー・ロミンガーが55・291㎞というさらに驚異的な記録を叩き出した。

このアワーレコード樹立合戦に終止符を打ったのがボードマンだった。93年にフランスのガンチームに入ってからはロードレースに専念していたボードマンだったが、96年に万全の体制を整え、母国のマンチェスターでアワーレコードに挑戦したのである。そこで彼は56・375㎞というとんでもない記録を樹立。ライバルたちをあきらめさせることに成功したのであった。

しかし、2000年になるとUCI（国際自転車競技連合）は「エディ・メルクスが72年にアワーレコード（49・432㎞）を記録した頃とはあまりにも機材が違いすぎる」という理由でボードマンの記録を「ベストヒューマンエフォート」という扱いにし、ふたたび72年のメルクスの記録をアワーレコードとして復活させたのである。ボードマンは当時の競技規則に従ってアワーレコードに挑戦していたのに、このUCIの決定はあまりに理不尽に思われた。「彼がイギリス人だからUCIが黙っていなかったのでは？」という憶測も飛んだ。

それでも、ボードマンはあきらめなかった。スチールチューブで組まれたノーマルなフレームにスポークホイールを組み合わせたトラディショナルなバイクを用意し、2000年10月27日、ふたたびマンチェスターでアワーレコードに挑戦したのである。もう選手としての盛りを過ぎていたボードマンだったが、鬼気迫る走りでメルクスの記録を9m上回る49・441㎞という記録を打ち立てだの立った。

ボードマンが愛したZAPシステム

そんなボードマンがロードのタイムトライアルにいつも使っていた変速器が、マヴィックが世界に先駆けて開発した電動変速システム「ZAPシステム」だった。彼がZAPシステムを選んだ理由はとても単純明快だ。通常、シフターはDHバーの先端に装着するものだったが、それではハンドルバーを握っているときに変速ができなくなる。その点、ZAPシステムならハンドルバー、DHバーともに変速スイッチを設けることができたので、特にテクニカルなコースで圧倒的に有利だった。

ボードマンはその利点を最大限に生かし、97年、98年のツール・ド・フランスのプロローグを制する。ツールのプロローグではＤＨバーを握ったまま曲がれないようなコーナーが多数あるのが普通。その点、ＺＡＰシステムならハンドルバーを握っていても変速ができたので、コーナーの立ち上がりの加速で圧倒的な差を生み出すことができたのだ。このプロローグの勝利で、ボードマンの名前は全世界に知れ渡ることとなった。そして、彼のニックネームは「プロフェッサー」よりも「ミスター・プロローグ」のほうが有名になっていったのである。

ＺＡＰシステムは有線式で信頼性が高かった。しかし、当時のマーケットはまだ電動変速システムを受け入れるほど成熟しておらず、この意欲作は商業的に成功したとは言い難かった。そこでマヴィックは99年、こんどは無線式の電動変速システム「メカトロニック」をリリースする。だが、この「無線式」というのが問題だった。電波を認識しなかったり、隣のライダーの電波を拾ってしまったりと、初期のトラブルが絶えなかったのだ。これで、ユーザーにそっぽを向かれてしまい、マヴィックは電動変速システムからの撤退を余儀なくされた。

現在、デュラエースの電動変速システムが一世を風靡している。もちろん、その裏にはシマノ技術陣の努力による絶大なる信頼性があるだろう。カンパニョーロも電動変速システムを市販した。しかし、そのアイデアソースにＺＡＰシステムがあったことは疑いようもない事実である。変速システムの歴史を振り返るとき、ＺＡＰシステムの存在が再評価されることだろう。

マヴィックが99年に発表した無線式電動変速システム「メカトロニック」。信頼性という点でユーザーの心をつかむことができなかった

Name

Carlos Sastre

カルロス・サストレ（スペイン）

Debut	Retirement
1997	2011

Item

SHIMANO
DURA-ACE 7800 SERIES

カルロス・サストレは、2008年のツール・ド・フランスを
使い慣れた旧型デュラエースとともに戦い、見事優勝した。

Supreme Products of
Top Cyclists

#25
Carlos Sastre

アシストからエースへ

カルロス・サストレは1975年4月22日、スペインの首都マドリード郊外のレガネスに生まれた。彼が自転車競技を始めたのは父の影響だ。サストレの父親は自転車学校を主宰するほどの競技好きで、サストレが少年の頃には兵役でマドリードに来ていたフランシスコ・イグナチオという自転車選手を自分の家に住まわせてしまうほどだった。

小さい頃からプロ選手の指導を受けることができたサストレは、自転車選手なら誰もが悩むポジションやペダリング、食事、補給など、あらゆる知識をイグナチオから教えてもらうことができたのである。そんな環境で育ったサストレが強くなるのに時間はかからなかった。アマチュア選手としてみるみるうちに頭角を現し、1997年、21歳でオンセからプロデビューを果たしている。

サストレの名前が世に知れるようになったのは、2000年のブエルタ・ア・エスパーニャでの活躍だった。当時、まだ無名に近かったサストレは、このグランツールにおいて山岳賞を獲得し、総合でも8位に食い込んだのである。

身長173㎝、体重60kgと小柄な体躯を活かしてヒルクライムで無類の強さを発揮したのは言うまでもないが、平坦やタイムトライアルも無難にこなす「ステージレーサー」としての実力も際立っていた。

02年にサストレはビャルヌ・リ

2003年登場の6代目デュラエース

2003年に発表された7800系デュラエースは、変速ワイヤーが外出し型の最後のモデルだ。このシリーズからリアスプロケットが10スピードとなり、クランクにはホローテックⅡが導入された。08年に7900シリーズへとバトンタッチされたが、今でも「7800が最もシマノらしいモデルだ」というファンも多い。カーボンは使わず、シマノのお家芸であるアルミの冷間鍛造パーツが多用される

2008ツールを制したサストレのサーヴェロ・R3 SL。他チームが7900デュラを使うなか、CSCだけが唯一7800を使用した

ース監督率いるCSCへと移籍。同年のジロ・デ・イタリアでは、落車で傷ついたエースのタイラー・ハミルトンをアシストして、彼の総合2位に大きく貢献している。またツールではローラン・ジャラベールをアシストして、彼の山岳賞獲得を支えた。また、自らも総合10位でフィニッシュして、ステージレースで勝つ能力があることを大きくアピールした。

03年のツールでは、第1ステージでの落車で鎖骨を折ったエース、ハミルトンをまたもや献身的にアシストして、彼を総合4位に導いている。サストレ自身も第13ステージで勝利しているが、そのときのエピソードが面白い。子供が生まれたばかりだったので、「おしゃぶり」をくわえてゴールするというパフォーマンスを見せたのである。つまり、この日は絶対に勝つという強い意志を持ち、背中のポケットにおしゃぶりを忍ばせて走っていたわけである。物静かなアシストのイメージが強いサストレだったが、強い闘志を秘めていることを世間に知らしめたのであった。

04年にはチームにイヴァン・バッソが加わったため、こんどはバッソの有能なアシストとして活躍するようになった。06年にバッソがジロを制した影にサストレがあったことを忘れてはならない。05年のブエルタでサストレはエースとして走り、総合2位という素晴らしい成績でフィニッシュしている。

エースの選択、旧型デュラエース

ツールで06年に3位、07年に4位となったサストレは、08年のツールを正真正銘のエースとして走ることとなった。この年、シマノはデュラエースの新型7900シリーズを発表。最高の舞台・ツールで大々的にお披露目することとなった。しかし、優勝候補筆頭にあげられていたサストレ擁するCSCのみはあえて旧型の7800シリーズでツールを戦うことにした。もちろん、勝負のかかったレースを使い慣れたコンポーネントで戦いたかったからだ。

果たせるかな、サストレはアルプス越えのステージで大活躍をみせた。第15ステージではライバルたちに揺さぶりをかけて戦意を喪失させることに成功。そして、ラルプデュエズにゴールする第17ステージで単独アタックを成功させ、見事にステージ優勝を果たすとともに、念願のマイヨジョーヌを手に入れたのである。

第20ステージは個人タイムトライアルだったが、ここでもサストレはライバルのカデル・エヴァンスらを寄せ付けずにマイヨジョーヌを守り抜いた。苦手だったタイムトライアルを克服するため風洞実験でフォームを改造し、厳しいトレーニングを課し、チームメイトのファビアン・カンチェッラーラから助言を仰いだ結果だった。決して、単なる「マイヨジョーヌマジック」ではなかったのである。こうしてサストレはシャンゼリゼに凱旋し、見事7800デュラエースとともに、08年ツール・ド・フランスの覇者となったのだった。

Name

Paolo Savoldelli

パオロ・サヴォルデッリ（イタリア）

Debut	1996	Retirement	2008

Item

SHIMANO
FC-R700

ヨーロッパの一流プロ選手は、最高級コンポーネントを使うのが当たり前だが、
しかし、必要に応じて下位グレードの製品を使うこともある。
今回はそんな例をご紹介しよう。

#26
Paolo Savoldelli

イル・ファルコ（ハヤブサ）の異名をとる

パオロ・サヴォルデッリは1973年5月7日、イタリア・ロンバルディア州ベルガモ県クルゾーネに生まれた。ベルガモ県はイタリアの中でも自転車競技が最も盛んな土地で、フェリーチェ・ジモンディやイヴァン・ゴッティなど数多くの有名選手を輩出している。同時に、世界中から数多くのプロ選手、あるいはプロを目指しているエリートアマチュアが移り住んでいる場所でもある。レースのない平日、朝9時になるとベルガモ旧市街近くにある噴水にどこからともなく選手たちが集まってきて、いっしょに練習に出かける光景が見られる。チームの垣根を越えて、様々なジャージの選手がいっしょに走る姿は、さながらレースのようだ。まさにベルガモは、ロード選手にとって「メッカ」のような土地なのである。

そんな環境のなかで育ったサヴォルデッリは、若くして頭角を現すようになり1996年、23歳でロスロットからプロデビューを果たす。98年、サエーコに移籍すると才能が開花し、ジロ・デル・トレンティーノで総合優勝を果たす。翌99年もトレンティーノを連覇し、2000年にはツール・ド・ロマンディを制する。02年、インデックス・アレクシアアルミニオに移籍。このチームは給料の未払い問題などガタガタであったものの、サヴォルデッリはその逆境をバネに、ついに念願のジロ・デ・イタリア総合優勝を成し遂げたのである。

厳しい上り坂で有効なコンパクトドライブ

2005年当時、コンポーネント外パーツとして発売されていたコンパクトドライブのチェーンホイール。ホローテックⅡの手の込んだ作りで、アルテグラグレードに相当する製品だった。7800系デュラエースにはコンパクトドライブがなかったため、プロ選手も厳しい上りになると、しばしばこれを使った

03〜04年のT―モバイル時代は故障などで思うような成績を出すことができなかったが、05年にディスカバリーチャンネルへ移籍すると、ふたたびジロで総合優勝を達成。翌06年には総合5位にとどまったものの、インテルジロ賞を獲得している。

07年はアスタナ、08年にはLPRに所属したサヴォルデッリだが、この年限りで静かに現役を引退している。ジロを2度も制したチャンピオンにしては今ひとつ強烈なインパクトのないサヴォルデッリだったが、その引き際もいかにも彼らしかった。

サヴォルデッリは上り、タイムトライアル、平坦のどれも強く、バランスのとれた典型的なオールラウンダーだった。しかし、それにも増して彼が得意としていたのはダウンヒルである。とにかくサヴォルデッリの下りの速さは半端ではなく、上りで差を付けたピュアクライマーたちが、下りであっさりと追いつかれるというシーンがたびたび見られるほどだった。そんな彼についたあだ名は「イル・ファルコ（ハヤブサ）」。確かにクライマーたちは、サヴォルデッリの恰好の餌食だったといえるだろう。

05年のジロで総合優勝したときも、上りでジルベルト・シモーニから遅れても、下りですぐに追いつき、結局最後まで逃げさせないという戦法で見事最終日までマリアローザを守っている。さらに続くツールでは、ランス・アームストロングを好アシストしながら、自身も第17ステージで勝利するなど大活躍を見せた。

モルティローロの頼もしい相棒

ジロの山岳ステージとツール・ド・フランスのそれが決定的に違うのは、上りの厳しさだ。ジロのほうが、圧倒的に傾斜のきつい上りが数多く存在するのである。なかには20％を超えるような上りも存在し、多くの選手を苦しめている。ジロの場合、峠に鈴なりの観客が押し寄せ、選手の行く手を狭めているのも大きかった。激坂でもジグザグ走行はできず、まっすぐ直登する必要があったのだ。そこで、カンパニョーロは05年から「レコードCT」というコンパクトドライブを追加したのである。

サヴォルデッリもどちらかというと、トルクで踏むというよりは回転系のペダリングを得意としていた。そのため、モルティローロ峠やガヴィア峠といったジロの名物ともいえる激坂の峠を上るのには、従来の39×27Tでは少々物足りなかった。しかし、ディスカバリーチャンネルに所属していた05〜06年当時、契約コンポであるシマノ・デュラエース（7800系）にはコンパクトドライブがなかったのだ。おそらく次に計画していた7900系で、コンパクトドライブがひとつの目玉になると目論んでいたシマノは、あえて7800系にコンパクトドライブを投入しなかったのだろう。そこで、グレードが落ちるFC—R700に白羽の矢が立ったわけである。

サヴォルデッリはさらに、ノーマルの50×34Tでも足りなかったので、インナーはTAの33T（PCD110㎜対応の最小インナー）に交換。超一流のプロ選手はペダリングも完成されているから、ちょっとした回転数の違いが大きな出力の違いになって現れるのだ。もしこのクランクがなかったら、05年のジロ総合優勝、06年のインテルジロ賞獲得もなかったかもしれない……、と言っても決して大げさではないのである。

パオロ・サヴォルデッリが06年のジロ・デ・イタリアで使ったトレック・マドンSSL。FC-R700でガヴィア峠とモルティローロ峠を乗り切った

Name
Louison Bobet

ルイゾン・ボベ（フランス）

Debut	Retirement
1947	1960

Item

HURET
SPECIAL LOUISON BOBET

ルイゾン・ボベは1953〜55年のツール3連覇をユーレーの変速器とともに戦っている。
そこには「フランスの選手はフランスの自転車とフランスの部品で勝つ」という強い信念があった。

Supreme Products of
Top Cyclists

#27
Louison Bobet

**地元フランスの英雄が
仏メーカーの製品でツールを制覇**

ルイゾン・ボベが1953～55年のツール・ド・フランス3連覇のときに使用していたモデル。タケノコバネを装備したスライドシャフト式の変速器で、2本のワイヤーを親子レバーで操作してチェーンのテンションを調整するという機構の製品だった。現代の手元変速システムに慣れてしまった人には、考えられないような面倒な変速操作をしていたのである

ブルターニュ地方のパン屋の息子

ルイゾン・ボベは1925年3月12日、フランス、ブルターニュ地方のサンメーン・ルグランに生まれた。ボベの戸籍上の名前は「ルイス」だったが、彼の父も「ルイス」と呼ばれていたため、混乱を避けるためにいつしか「小さいルイス」を意味する「ルイゾン」と呼ばれるようになった。

ルイゾンの家はパン屋で、3人の兄弟はいずれもスポーツに勤しんでいた。ルイゾンの父は早くも彼が2歳のときに自転車を買い与えたのだが、何とルイゾンはたった6カ月後に6㎞も走ってみせたという。ルイゾンは自転車と並行して卓球とサッカーもやっていた。そして、卓球はブルターニュ地方のチャンピオンになるほどの腕前だった。

ルイゾンに自転車選手になることを勧めたのは、彼の叔父レイモンだった。レイモンはパリで自転車クラブの会長をやっていて、いつも優秀な選手を探していたのだ。もし、この叔父がルイゾンに目をつけなかったら、ジャック・アンクティル、ベルナール・イノーと並ぶフランスの名選手ルイゾン・ボベは誕生していなかったのかもしれないのだ。

ルイゾン・ボベは13歳のときに初めてレースに出場し、スプリントで2位となった。16歳のときには地元のローカルレースで4勝を挙げ、18歳のときにはダンロップが主催する非公式のユース選手権で6位となっている。ちなみに、このと

きの優勝者は、後にチームメイトでライバルとなるラファエル・ジェミニアーニだった。

その後、第二次世界大戦が始まってしまったため、ボベはそのキャリアを中断せざるを得なくなった。彼は1944年のノルマンディ上陸作戦の後、フランス陸軍に入隊し、東部フランスを守る任務に就いた。ボベは戦争が終わるとすぐに陸軍を除隊し、再び自転車選手の道を歩み始める。そして47年にステラからプロデビューを果たすのだった。今では廃業してしまったが、ステラはナントに本拠を置く自転車メーカーで、当時はフランスで最も人気のあるブランドの一つだった。ボベはこの年、第二次大戦後初の開催となったツール・ド・フランスに参加したが、途中棄権に終わっている。しかし、翌48年にはステージ2勝を果たし、総合でも4位という好成績を収めた。49年は再びリタイヤに終わったが、50年には見事に復活して総合3位となっている。

ツールにおけるボベの快進撃が始まったのは53年のことだった。イゾアール峠でライバルたちを突き放すと、続く山岳個人タイムトライアルでも圧勝。見事、初の総合優勝を飾ったのであった。翌54年もライバルのフェルディ・キュブラーをまったく寄せ付けずに優勝、55年にもジャン・ブランカールトを抑えて総合優勝を果たし、ツール史上初めての3連覇を達成したのであった。

ボベはツール以外にも54年の世界選を始めとして、51年のミラノ〜サンレモとジロ・ディ・ロンバルディア、52年のロンド・ファン・フラーンデレン、56年のパリ〜ルーベなど、数多くのビッグレースを制している。また、60年の引退後はタラソテラピー（海洋療法）の事業で成功を収め、実業家としての手腕も一流だった。

ユーレーの変速器とともに

ボベはツール3連覇をユーレーの変速器で戦っている。フロントはロッド式の「リジド」と呼ばれるモデル、リアはタケノコバネを装備したスライドシャフト式の「スペシャル・ルイゾン・ボベ」と

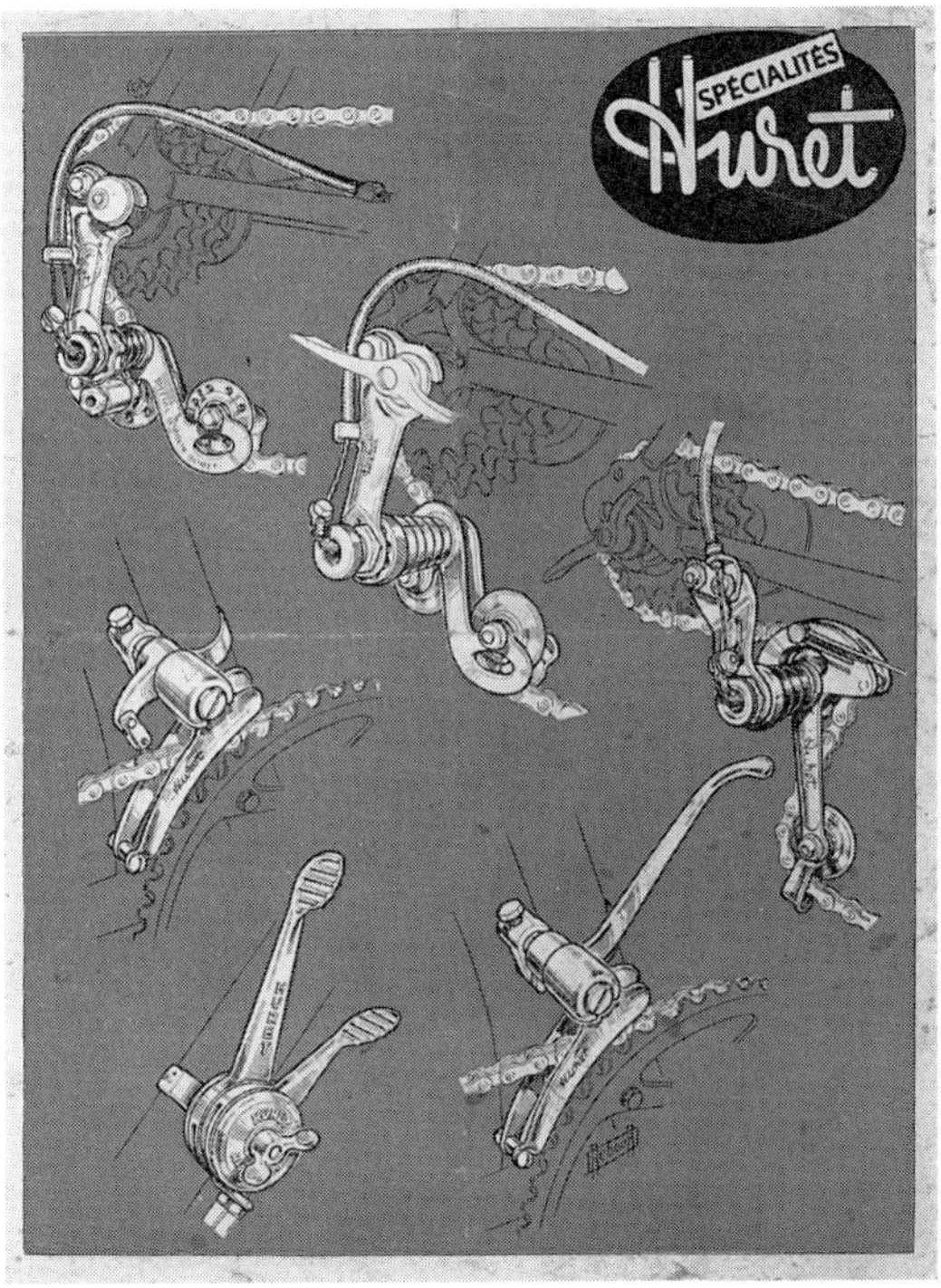

50年代のユーレーのカタログ。左上がスペシャル・ルイゾン・ボベ、左下がそれを操作する親子レバー、右下がリジド

いう組み合わせだ。当時、すでにカンパニョーロのパラレログラム式変速器「グランスポルト」が登場していたが、フランスのユーレーとサンプレックスは古典的なスライドシャフト式をまだ諦めていなかったのだ。

　今でこそ、自転車やその部品の生産国とそれを使用するチームの所属する国との垣根はほとんどなくなっているが、当時はフランスのチームはフランス製のフレームにフランス製の部品、イタリアのチームはイタリア製のフレームにイタリア製の部品というのが当たり前だった。それだけではない。同じフランス国内でも、ステラやジタンといったフランス北西部に本拠を置くメーカーはパリのユーレーを、それ以外のエリエやプジョーといったメーカーはディジョンのサンプレックスを使うという傾向さえあった。要するに、今よりもずっと「地元密着型」だったのである。フランスの選手にとって、フランスの自転車で勝つということは、何より重要だったと言えるだろう。

Name

Abraham Olano

アブラハム・オラーノ（スペイン）

Debut 1992 | Retirement 2002

Item

CAMPAGNOLO
C RECORD 180mm CRANK

ペダリングが完成されたプロ選手にとって、クランク長はとても重要だ。
中には177.5mmや180mmといった長いクランクを必要とする長身の選手もいる。
1995年の世界チャンピオン、アブラハム・オラーノもその一人だった。

Supreme Products of
Top Cyclists

#28
Abraham Olano

1986から1994年までの
カンパニョーロの最高機種

カンパニョーロは1985年まで、PCD144mmの古いレコードのクランクを最上位機種としてきた。しかし、インナーギヤが小型化していく時代の流れには逆らえず、86年から最上位機種となったCレコードで、最小インナー39TがつくPCD135mmのクランクを初めて世に送り出したのである。95年、レコードのクランクはロープロファイル化されるが、当初はサイズが豊富になかった

才能溢れるバスク人レーサー

アブラハム・オラーノは1970年1月22日、スペイン・バスク州ギプスコア県アノエタに生まれた。オラーノが競技を始めたのは11歳のときだった。地元のオリア自転車学校に入学し、本格的な指導を受け始めたのである。天賦の才能があったオラーノは、このジュニア時代にいくつかのロードレースで勝っている。また、同時にトラックレースでも活躍し、団体追い抜きのジュニアスペインチャンピオンに輝いている。その後、アマチュアのカイクチームで走ったが、意外なことに当時はスプリンターとして走っていた。しかし、成績は泣かず飛ばす。そこで、オラーノは肉体改造をする一大決心をする。筋肉をいちから作り直し、体重を10kgも落として、山岳レースでも耐えられる身体に変えていったのだ。

その肉体改造が功を奏し、92年にオラーノはCHCSからプロデビューを果たす。しかし、このチ

ームはシーズン途中で資金難のため解散してしまったため、シーズン半ばにロータスへ移籍。そして、93年にはマペイの前身であるクラスへ移籍している。94年はオラーノの才能が開花した年だった。ブエルタ・ア・アストゥリアスを制すると、スペイン選手権でロードのタイムトライアルの2冠に輝いたのだった。そして、95年はオラーノが最も輝いた年だったといえるだろう。コロンビア・ドゥイタマで行われた世界選手権ロードレースで見事優勝を果たし、1年間マイヨアルカンシェルを着る権利を得たのである。96年にはアトランタオリンピックのタイムトライアルで銀メダルを獲得。97年にバネストへ移籍すると、ビチクレッタ・バスカ優勝、ツール4位などの活躍をした。98年には世界選個人タイムトライアルでもチャンピオンに輝いているが、現在までに世界選のロードとタイムトライアルの両方を制した選手は、オラーノただ一人だけである。

180㎜のロングクランクを愛用

そんなオラーノが愛用したクランクは、マスドロードでは177・5㎜、タイムトライアルでは180㎜という長いものだった。当時はミゲール・インドゥラインの全盛時代で、多くの長身の選手が180㎜クランクを使っていたインドゥラインのマネをして、ロングクランクをグイグイと踏むペダリングをしていたものだ。オラーノもその一人だったといえるだろう。95年の世界選で優勝したとき、オラーノはマペイの選手だったので、使用コンポはデュラエース7400系で、もちろん当時最新のFC―7410の177・5㎜を使用していた。

しかし、97年にマペイからバネストへ移籍したときに問題が起こった。使用コンポがシマノからカンパニョーロに変わったのだが、当時カンパニョーロ・レコードのクランクはロープロファイル化したばかりで、製品として用意されていたのは170、172・5、175㎜の3種だけだった。177・5㎜や180㎜のロングクランクはラインナップがなかったのである。カンパニョーロは

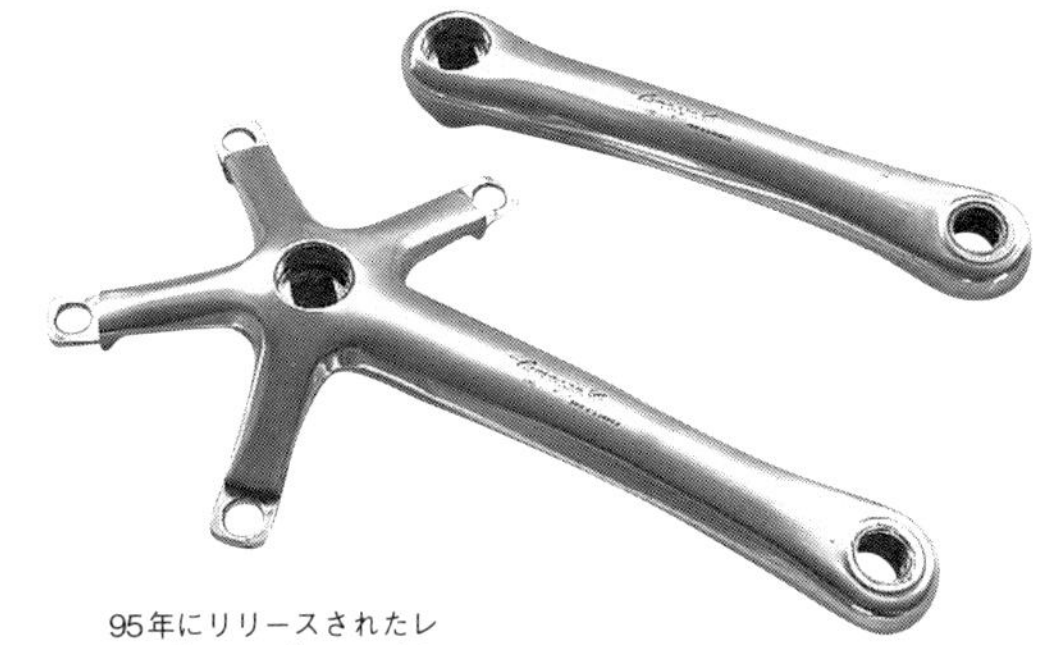

95年にリリースされたレコードのロープロファイルクランク。インドゥラインやウルリッヒには、削り出しでこれと同じものを作って供給していた

１９７０年代のスーパーレコードの時代にも、その後のCレコードの時代にも、１６５㎜から１８０㎜まで2・5㎜刻みで細かくクランク長を用意していたから、この当時のラインナップはなんともおおざっぱだったといわざるを得ない。

そこでカンパニョーロは、オラーノ用にスペシャルの１７７・５㎜と１８０㎜をCNCの削り出しで作った。そのこと自身は珍しいことではない。それまでもインドゥラインやヤン・ウルリッヒに対してスペシャルのロングクランクを必要な数だけ作っていたからだ。しかし、オラーノにはどうやら数ペアしか作らなかったようである。チームカーの上に乗っているスペアバイクには、どこから探してきたのかいつも古いCレコードのクランクが装着されていたのだ。ヨーロッパは良くも悪くも階級社会だ。インドゥラインとオラーノで、明確な差別化を図っていたのである。

この状況は99年にオンセへ移籍してからも変わらなかった。１８０㎜クランクを使用していたアレックス・ツッレ（スイス、バネスト、当時）も同じで、メインバイクにはCNC削り出しの新型クランクを装着していたが、スペアバイクには古いCレコードの１８０㎜がついていた。オラーノやツッレでもそうなのだから、アシストクラスの選手は推して知るべしだった。スペシャルのクランクなどもちろん作ってもらえず、メインバイクも古いCレコを使うのが当たり前だったのだ。

Name

Bradley Wiggins

ブラドレー・ウィギンズ（イギリス）

Debut	Retirement
2001	Active Player

Item

0.symetric

Road Racing

2012年、ブラドレー・ウィギンズがイギリス人として初めてツールを制した影には、
数ある自転車パーツのなかでもかなりキワモノである
それがOシンメトリックの楕円ギヤがあった。

Supreme Products of
Top Cyclists

#29
Bradley Wiggins

トラック出身のTTスペシャリスト

ブラドレー・ウィギンズは1980年4月28日、ベルギーのヘントに生まれた。とは言っても、両親はイギリス人で、ブラドレーはその後ロンドンで育った。父のガリー・ウィギンズもプロの自転車選手だった。

ウィギンズはトラック競技出身の選手だ。48年に開催されたロンドンオリンピックのトラックレース会場となったハーネヒル自転車競技場を主な練習場所とし、メキメキと頭角を現していく。98年のジュニア世界選2000m個人追い抜きで優勝すると、2003年にはエリートの世界選4000m個人追い抜きでも優勝。04年にはアテネ五輪の4000m個人追い抜きで金、団体追い抜きで銀、マディソンで銅メダルを獲得し、「一人で3色のメダルを獲得した男」として注目を集めた。

07年、スペインのパルマ・デ・マリョルカで行われた世界選では、個人・団体両追い抜きで優勝。さらに08年にはイギリスのマンチェスターで行われた世界選の個人・団体両追い抜きで優勝し、同種目で2連覇を達成した。そして、同年8月に行われた北京五輪で個人・団体両追い抜きで金を獲得し、オリンピックのメダル数は自転車選手

ペダリング効率を上げるための秘密兵器

ブラドレー・ウィギンズ、クリス・フルーム、アレクサンドル・ヴィノクロフ、ボビー・ジュリックといった超一流選手が愛用したことで知られる楕円ギヤ。工房はフランスのニースに近い町・マントンにある。手作業による削り出しで作られ、少量生産ゆえ高価だが、多くのバックオーダーを抱える人気商品でもある

としては史上最多タイの6個となった。

07年からは積極的にロード競技にも参戦するようになり、主にタイムトライアルステージで活躍した。ウィギンズの実力が開花したのは、09年のことだ。タイムトライアルだけでなく、山岳でも総合上位陣に遅れずに走ることができ、結果的には総合4位でフィニッシュできたのである。

ブラドレー・ウィギンズのバイクに取り付けられたOシンメトリックの楕円ギヤ

２０１１年にクリテリウム・デュ・ドーフィネで優勝し、イギリス選手権も制覇。そして、２０１２年にはパリ〜ニース優勝を皮切りに、ツール・ド・ロマンディ、クリテリウム・ドーフィネの連覇、そしてツール・ド・フランスを制して、プロ選手の頂点に立ったのである。

ちなみに、ウィギンズは所属チームをたびたび変わっていることで知られる選手だ。２０１０年から所属しているスカイプロサイクリングのイメージがあまりにも強いため、他のチームにいた印象が薄いが、09年にはガーミン・スリップストリーム、08年にはチーム・ハイロード、06〜07年にはコフィディス、04〜05年にはクレディ・アグリコル、02〜03年にはフランセーズデジュ、01年にはリンダ・マッカートニーに所属したという遍歴をもっている。まあ、07年まではトラック競技を中心に活躍していたので、無理もない話なのだが。

ペダリングのリズムを科学した製品

そんなブラドレー・ウィギンズが愛用しているスペシャルパーツと言えば、多くの方が「Oシンメトリックの楕円ギヤ」を思い出すのではないだろうか。2012年のツール・ド・フランスは、大本命だったアンディ・シュレクやアルベルト・コンタドールを欠き、混戦が予想されていた。しかし、ふたを開けてみると、ブラドレー・ウィギンズとクリス・フルーム（ともにイギリス、スカイプロサイクリング）の圧倒的な強さでレースが進み、最後まで誰もその牙城を崩すことはできなかった。フルームもOシンメトリックの楕円ギヤの愛用者であり、2012年のツールはOシンメトリックのワンツーフィニッシュでもあったのである。

Oシンメトリックの楕円ギヤは、人間のペダリングを徹底的に解析し、技術的及び人間工学的な見地から開発された製品だ。「ペダリングの際、最も大きな出力を得るためにはどのようにすればよいか？」というシンプルな命題に研究の焦点を合わせてリサーチが進められた。その結果、「ペダルにかけられる力は、絶えず筋力に比例している」、そして「ペダルが上死点にあるとき、ペダルにかけられる力は小さく、クランクが地面と平行に近づくにつれ出力が増し、下死点に行くに従い小さくなる」ということが明らかになった。この結果から、人間が出すことのできる力に合わせ、より高い出力を発揮できるところでチェーンリングの半径を変化させ、ギヤレシオを変化させるのと同じ効果をもたせることが効率のよいペダリングにつながるという結論が導き出された。それを可能にするのが、楕円ギヤだったということなのだ。

じつは楕円ギヤというのは、それほど新しい発想ではない。最近では80年代にシマノが「バイオペース」を世に問うているし、古くは70年代にも同様の製品がフランスにあった。近年ではローターのようなライバルメーカーもある。しかし、それらと比べてOシンメトリックが優れているのは、楕円の度合いが大きく、よりメリハリをつけたペダリングができ、高い出力が得られる点だ。そんなところが、ウィギンズのお眼鏡にかなったというワケである。

WHEEL, TIRE, HUB

CHAPTER: 5

Name

Jan Ullrich

ヤン・ウルリッヒ(ドイツ)

Debut 1995 | Retirement 2007

Item

CAMPAGNOLO
BORA

ランス・アームストロングの良きライバルであった
ヤン・ウルリッヒが愛したホイール「カンパニョーロ・ボーラ」を取り上げてみよう。

#30
Jan Ullrich

旧東ドイツが生んだ天才的アスリート

ヤン・ウルリッヒは1973年12月2日、旧東ドイツの港湾都市・ロシュトックで生まれた。ウルリッヒ少年は小さい頃から心肺機能が飛び抜けて優れていて、アスリートとして天性の才能があった。9歳で自転車競技を始めると、すぐに地元では敵なしという状態になったのだ。「ロシュトックにすごい少年がいるらしい」という噂はやがて国家保安省（＝秘密警察）や東ドイツ身体文化・スポーツ委員会の耳にも入り、わずか13歳だった86年にベルリンの青少年体育学校へ入学することとなる。

いや、もっと正確にこの状況を表現するならば、「半ば強制的に入学させられることとなる」と言ったほうが適切だろう。社会主義国家の東ドイツであるから、選ばれた子供に選択の余地はない。また「将来の安定した生活の保証」や「メダル獲得による報奨金」など、魅力的な条件もあった。

当時はまだ東西冷戦時代。ソ連や東ドイツといった東側諸国は、オリンピックを大切な国威発揚の場と考えて、将来の優秀なアスリートを全国から発掘し、小さい頃から徹底的な英才教育を行っていたのだ。科学的に分析された完璧なまでの選手育成プログラム。しかし、そのなかには国家ぐるみの組織的なドーピングも組み込まれていた。

東ドイツという小さな国にとって、スポーツは全世界に存在感を示せる唯一の分野だった。国が医者やコーチに対して選手たちへのドーピングを命じていたのは、今は周知の事実だ。医者やコーチはそれが危険なことであると知りつつも、自らの生活のために選手たちをだまし続けな

**機材にこだわらない男が
惚れ抜いたシンプルなホイール**

1994～95年に販売されたカンパニョーロ初のカーボンホイール。レコードのハブ、DTスイスのエアロスポーク、コリマのカーボンリムによって組み上げられる。スポーク本数は前後とも16本。フロントはラジアル組み、リアはフリー側がタンジェント組みで反フリー側がラジアル組みだ

ければならなかった。社会主義体制の中で国家にたて突くことは、すなわち社会から抹殺されることを意味していた。

秘密警察は世界中に散らばっているスパイに対し、スポーツで使えそうなあらゆる薬物を購入させていた。そしてその試験は、選手たちの健康を害するかどうかではなく、成績の向上に役立つかどうかだけを判断していた。そのようななかで、多くの優秀な選手が廃人となっていった。

ウルリッヒ少年も、否応なしにそのような体制の中に組み込まれつつあった。しかし、幸いなことに入学から3年後の89年、ベルリンの壁が崩壊し、青少年体育学校は閉鎖されることとなる。生活の保障はなくなったものの、ウルリッヒには自由が与えられ、コーチとともにハンブルグに移住してアマチュア選手として再スタートしたのである。

世界選アマロードで優勝しテレコムからプロデビュー

転機が訪れたのは93年のことだった。ノルウェーのオスロで開催された世界選手権アマチュアロードを制し、見事アルカンシェルを勝ち取ったのである。ちなみに、このときのプロロードの優勝は、後にライバルとなるランス・アームストロングであった。

この勝利が認められ、ウルリッヒはドイツのプロチーム「テレコム」と契約。プロ選手としての第一歩を踏み出した。ここでウルリッヒはカンパニョーロのカーボンホイール「ボーラ」と出会う。それは、今までに経験したことのない踏み出しの軽さと高速巡航性の良さを兼ね備えたホイールだった。ウルリッヒは一発でこのホイールを気に入り、レース用にはいつもボーラを選ぶようになった。

96年にツール・ド・フランスに初出場すると、エースのビャルヌ・リースをアシストしながら自身も総合2位でフィニッシュ。早くも大器の片鱗を見せたのである。そして、翌97年には圧倒的な強さで見事初優勝。これらの活躍を支えたのもボーラだった。チームには「選手が自費で購入してまでも

1997年にツール・ド・フランスを初制覇したときのヤン・ウルリッヒ。その圧倒的な強さから、しばらくはウルリッヒ時代が続くと思われたが……

使いたいホイール」として有名な「ライトウェイト」もあり、リースはそちらを好んだのだが、ウルリッヒはライトウェイトよりも旧型ボーラだった。

ボーラは98年に新型の「ボーラチタニウム」となるのだが、そのリムは外周部がアルミ製で、旧型ボーラほどの踏み出しの軽さはなかった。そのため、ウルリッヒは新型には見向きもせず、旧型ボーラを使い続ける。カンパニョーロはあまり良い顔をしなかったものの、何しろツールのチャンピオンの言うことであるから無視する訳にもいかない。自社にあった旧型ボーラの在庫をすべて、ウルリッヒ用に提供したのであった。この辺の柔軟さは、さすがカンパニョーロといったところだろう。

その後、いよいよ旧型ボーラの在庫が少なくなってくると、メカニックは苦肉の策を講じることとなる。旧型ボーラのリムはコリマが製造していたのだが、そのコリマ製のカーボンリムを単体で購入してきて、それをニュークリオンのハブで組んだスペシャルホイールを準備したのである。スポーク数はフロントが22本、リヤが24本と旧型ボーラよりずっと多かったが、踏み心地はボーラよりずっとしっかりとしており、これもウルリッヒのお眼鏡にかなったのであった。

それ以降、タイムトライアルでは旧型ボーラ、マスドロードではスペシャルホイールという使い分けをすることが多くなり、総合優勝した99年のブエルタ・ア・エスパーニャを始め、ランスに次いで2位となった2000、01年のツールなども、そのような使い分けがしばしば見られた。結局ウルリヒは01年まで旧型ボーラを使い続け、数々の名勝負を繰り広げたのであった。

実際のところ、ウルリッヒにとってホイールなど何でも良かったのかもしれない。恐らく、他のホイールを使っても彼の成績は変わらなかっただろう。自由のない東ドイツで育ったウルリッヒが初めて自由をつかみ、そして出会ったホイール「ボーラ」に、自分の夢と希望を投影していた……。そんなところではないだろうか？

Name

Francesco Moser

フランチェスコ・モゼール（イタリア）

Debut 1973 Retirement 1987

Item

AMBROSIO
DISC WHEEL

現代ではタイムトライアルにディスクホイールを使うのは、もはや当たり前。
その源流となっているのが、1984年にフランチェスコ・モゼールが挑戦したアワーレコードだ。

Supreme Products of
Top Cyclists

#31
Francesco Moser

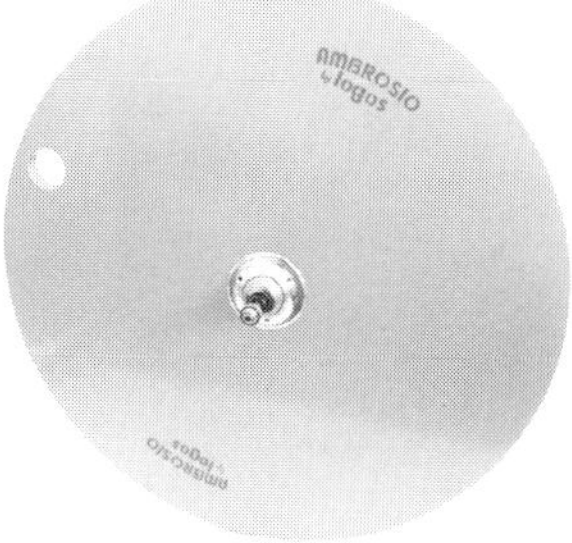

タイムトライアルで必須の空気抵抗低減アイテム

アイデアとしては昔からあったディスクホイールだが、レースに本格投入されたのは、モゼールによる1984年のアワーレコード挑戦が最初だった。この記録樹立以来、タイムトライアルにおいてディスクホイールは必須アイテムとなったのである。モゼールがTTのレース形態を変えたと言っても過言ではないだろう

クラシックとTTのスペシャリスト

フランチェスコ・モゼールは１９５１年6月19日、イタリア・トレンティーノ＝アルト・アディジェ州のジョーヴォで生まれた。ジョーヴォはジルベルト・シモーニの出身地としても有名だが、何とモゼールとシモーニは親戚関係にあるという。

モゼールは71年のベビージロを制するなどアマチュア時代に輝かしい成績を残し、73年にプロデビューを果たす。そして、同年に早くもジロで区間優勝し、驚異の新人としてイタリア中にその名を知らしめることとなった。

モゼールの名を世界中にとどろかせたのは、75年のツール・ド・フランスでの活躍である。モゼールはプロローグをいきなり制すると、第7ステージでも区間優勝を果たしたのだ。しかし、厳しい山岳を苦手としていたモゼールは、この年以降一度もツールには参加せず、グランツールは地元のジロ・デ・イタリア一本に絞った。しかし、いかんせん山を苦手としていたことが災いし、総合優勝は84年に一度達成しただけだった。

モゼールが無類の強さを発揮したのは、クラシックレースとタイムトライアルだ。74年にパリ～トゥールを制すると、75年にはジロ・ディ・ロンバルディア（78年にも優勝）、76年にはトラック世界選個人追い抜き、77年にはフレーシュ・ワロンヌとチューリッヒ選手権、そして世界選プロ個人ロードを次々と制していった。中でも特筆すべきなのがパリ

現行モデルはもちろんカーボン製。昨今、ホイール専門メーカーは苦戦を強いられているが、確実な支持を受けているのはさすがだ

～ルーベで、78年から3連覇を飾っている。クラシックハンターでタイムトライアルのスペシャリストというのは、現代で言うとファビアン・カンチェッラーラに近いタイプと言えるだろう。

モゼールの偉大さを決定づけたのは、84年に挑戦したアワーレコードの物語だ。モゼールは記録樹立のために、それまで勘に頼っていたトレーニングに心拍などの科学的な理論を取り入れた。機材にも科学のメスを入れ、それまでタイムトライアルバイクで最も重要視されていた「軽量化」を捨て、「エアロ化」へと大きく舵を切った。すなわち、前輪小径のいわゆるファニーバイク形状、ブルホーンバー、そして極めつけはディスクホイールを採用したのである。

モゼールはそんな最先端機材の助けを借りて84年1月19日、見事72年にエディ・メルクスが樹立した49・431㎞を12年ぶりに更新する50・808㎞というアワーレコードをメキシコで達成したのであった。さらに4日後の1月27日に再度挑戦。さらに記録更新し、51・151㎞を叩き出している。

このモゼールの挑戦は、後にミゲール・インドゥラインやトニー・ロミンガー、クリス・ボードマンのアワーレコード樹立に続くのだが、残念ながらメルクスより後の記録は現在では「ベストヒューマンエフォート」という扱いになっていて、正式なアワーレコードはいったんメルクスが72年に記録した49・431㎞に戻されている。理由は「メルクスの時代とは機材があまりにも違うから」ということ。そのため、もし現在アワーレコードに挑戦しようと思ったら、スチールフレームにスポークホイール、ノーマルのドロップバーを使わなければいけなくなってしまったのだ。ボードマンとオンドレイ・ソセンカがそんな古典的なバイクでアワーレコードを更新したが、皮肉なことに機材の進化を否定したアワーレコードはファンからそっぽを向かれ、昔のような人気もプレステージもなくなってしまったのである。

重たいディスクでも記録を更新した

さて、モゼールが84年のアワーレコード挑戦で初めてレース界に本格導入したディスクホイールであるが、その製作はイタリアのホイールメーカーの雄「アンブローズィオ」が担当した。現代ではディスクホイールといえばカーボン製が普通だが、当時はまだカーボンは一般的ではなく、たとえ使ったとしても十分な強度を保てるような製品はできなかった。そこでアンブローズィオは、ロゴスというグラスファイバーを扱うメーカーと共同でディスクホイールを開発することにした。

色々な試行錯誤の結果、バルサの芯材をぶ厚いグラスファイバーの板で挟むという構造が採用された。グラスファイバーだけでは強度が保てなかったので、デュポン社が開発したアラミド繊維「ケブラー」を混入させている。ハブ部分の製作はイタリアのパーツメーカー「ジピエンメ」が担当した。

完成したディスクホイールはゆうに2kgを超える重さだったが、そんなことはおかまいなしにモゼールはそれをアワーレコード挑戦に投入した。メルクスは徹底的に軽量化されたバイクをアワーレコード挑戦に使用したが、モゼールはいとも簡単に超重量級ディスクホイールでその記録を更新したのである。平坦なコースの場合、軽量化よりも空気抵抗の低減が重要であることを示す結果となったのだ。

モゼールのアワーレコード樹立以降、タイムトライアルバイクのコンセプトが「軽量化」から「エアロ化」に大転換したのは言うまでもない。各社は競うようにディスクホイールを開発し、次々とレースに投入していった。そして、タイムトライアルの平均速度が飛躍的に向上したのである。モゼールこそ、現代のタイムトライアルレースの基本スタイルを作った人物なのだ。

Name

Laurent Fignon

ローラン・フィニョン（フランス）

Debut	Retirement
1983	1993

Item

MICHELIN
HI-LITE SUPER COMP HD

ローラン・フィニョンが愛したタイヤ「ミシュラン・ハイライトスーパーコンプHD」。
このタイヤの出現とフィニョンの活躍により、クリンチャーがロードバイクの標準となった。

Supreme Products of
Top Cyclists

#32
Laurent Fignon

**チューブラーに劣らない
しなやかな乗り心地**

ハイライトプロに続いて1989年に発売されたミシュランのトップモデル。フィニョンの89ミラノ〜サンレモ、89ジロ制覇に貢献したほか、ジャンニ・ブーニョの90、91世界選2連覇も支えている

知的な雰囲気を漂わせた生粋のパリジャン

ローラン・フィニョンはフランスの自転車界にあって異色の存在だった。多くの自転車選手が農村や地方都市出身であるのに対し、フィニョンは花の都パリ出身である。

誇り高きフランス人のなかでも、パリジャン、パリジェンヌは独特な存在だ。いつも不機嫌そうな顔をしていて、ムラッ気が強く、どこかシニカルで、いつも否定的な意見を言う。沈みそうな船から各国の乗客を速やかに下船させるとき、フランス人には「この船から下りてはいけません」というと簡単に下船させることができるという有名なジョークがあるが、あれはフランス人全体を指すというよりも、パリジャンやパリジェンヌを指すといったほうが正解だろう。ちなみにイギリス人には「紳士の方は下りられています」、ドイツ人には「下りるのが規則です」、アメリカ人には「下りるとヒーローになれます」、そして日本人には「みなさん下りています」というと、速やかに下船させることができるという。それぞれの国民性をよく表したジョークであるといえるだろう。

話をパリジャン、パリジェンヌに戻すと、要するに彼ら、彼女らはちょっとキザで鼻持ちならない雰囲気なのだ。フランス人でさえ、地方に行くと「パリにパリジャンがいなければ最高なのにね」なんていうほど。フィニョンもそんな典型的なパリジャンだった。

おまけに、フィニョンはプロの自転車選手としては珍しくバカロレア資格（大学入学資格）をもっていた。そして、おおよそ自転車選手には似つかわしくない細いメタルフレームのメガネがトレードマーク。メディアに対しては、いつも知的な対応をすることで知られていた。地方出身でぼくとつな対応しかできなかった選手も、みんなフィニョンを真似て知的な発言をしようとしたほどの影響力だった。それらの理由により、フィニョンにつけられた愛称は「プロフェッサー（教授）」だった。

フィニョンのデビューは鮮烈だった。1983年、初出場のツール・ド・フランスでいきなり優勝すると、翌年も圧倒的な強さで2連覇したのである。誰もがフィニョン時代到来かと思ったが、その後はヒザの故障で低迷してしまう。「ガラスのヒザ」などと揶揄されることもあった。しかし、89年のミラノ～サンレモで優勝すると、ジロ・デ・イタリアも制し、見事に復活をとげたのである。そして、ツールではグレッグ・レモンにわずか8秒差で敗れるという死闘を繰り広げ、多くの人に感動を与えたのであった。今でも古くからのツールファンの多くが「89年のレモンVSフィニョンが歴代で最高のツールだ」と言うほどだ。

レースで使えるクリンチャータイヤを！

そんなフィニョンが89年に使っていたのが、レース用クリンチャータイヤの草わけ的な存在ともいえるミシュラン・ハイライトスーパーコンプHDだった。

いうまでもなく、ミシュランはクルマやオートバイのタイヤをリードするフランスのメーカーである。80年代、モータースポーツの世界で頂点を極めていたミシュランにとって、次なる目標は自転車レースだった。当時、ロードバイクにはチューブラーが当たり前。そこでチャレンジ精神溢れるミシュランは、レースで使える高性能クリンチャータイヤを開発し、それをロードバイクの標準にしてしまおうという野望を抱いたのである。

ミシュランは85年、高性能クリンチャータイヤ「ハイライトプロ」を開発。ケブラービードにより圧倒的な軽さを、しなやかなケーシングにより抜群の乗り心地の良さを、そしてグリップ力の高いコンパウンドで圧倒的なコーナリング性能とウェット性能を実現した画期的な製品だった。現代では数多くの高性能クリンチャータイヤが存在するが、それらのすべてがハイライトシリーズの延長線上にあるといっても過言ではないだろう。

フィニョンはハイライトシリーズを使って初めてビッグレースを制した選手だった。彼に続いて90、91年にはジャンニ・ブーニョがハイライトスーパーコンプＨＤで世界選を2連覇し、ハイライトシリーズの、そしてクリンチャータイヤの地位は確固たるものとなったのである。

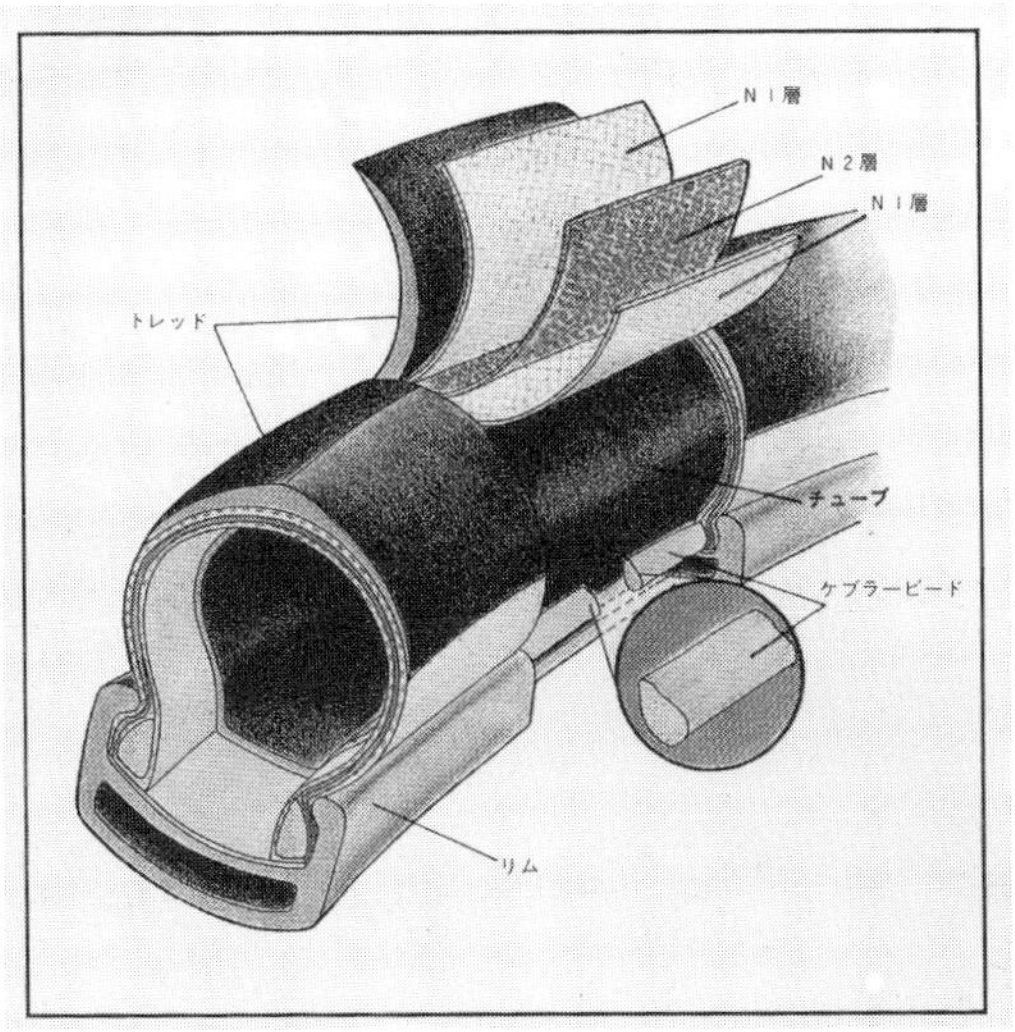

ジュイレコード60の元となった名作「ジュイ543」。アンクティルが1957年にツールで初優勝したときには、この変速器を使用していた

引退後、フィニョンは解説者として活躍していた。相変わらずシニカルな物言いでとても人気があった。２００９年6月、フィニョンはテレビで自らが癌であることを告白。しかし、解説の仕事を止めようとはせず、２０１０年のツールでも活躍していた。まさかその１カ月後の8月31日に帰らぬ人になろうとは……。クリンチャーを履いて走るとき、フィニョンに思いを馳せてみてはいかがだろうか。

Name

Georg Totschnig

ゲオルグ・トートシュニッヒ（オーストリア）

Debut	Retirement
1993	2006

Item

Tune

Mlg 70 superlight front hub

自転車にとって、ホイールの回転性能は極めて重要だ。
それゆえ、完組みホイールのハブをわざわざ組み替えて使用する選手が少なからずいる。
ゲオルグ・トートシュニッヒもその一人だった。

Supreme Products of
Top Cyclists

#33
Georg Totschnig

オーストリアが生んだいぶし銀の選手

ゲオルグ・トートシュニッヒは１９７１年5月25日、オーストリア・カルテンバッハに生まれた。89年、国内ジュニアチャンピオンとなったトートシュニッヒは、その後も順調に成長を続け、93年にランプレ・ポルティからプロデビューを果たす。94年にチームのメインスポンサーはポルティとなったが、基本的にはスタンガ監督の率いるチームであることに変わりはなかった。彼は96年までポルティに所属し、この間、95年にはジロ・デ・イタリアで総合6位、96年にはオーストリアＴＴチャンピオンとブエルタ・ア・エスパーニャ総合6位という好成績を収めている。ちなみに、94年からの２年間は近代ツールに初めて出場した日本人、今中大介とチームメイトだった。

97年、ドイチェ・テレコムへ移籍すると徐々に才能が開花していく。同年のオーストリア選手権のロードとＴＴでダブルタイトルを獲ると、98年にはカタルーニャ一周で総合2位、99年にはオーストリア一周で総合2位、２０００年にはオーストリア一周で総合優勝を果たしている。

01年、ゲロルシュタイナーへ移籍すると、いよいよ存在感を示すようになった。オーストリア選手権のＴＴでは01、02、04年と優勝を果たし、ロードでも03年に勝っている。また、ツール・ド・スイスでは01年に総合6位、02年に総

抜群の回転性能をもつ超軽量ハブ

ドイツのカスタムパーツメーカー「Tune（チューン）」が開発したハブ。フロントには「Mig」、リアには「Mag」の名前が与えられている。ハブ本体は結晶方向が整えられた7075 T6アルミからの削り出しで、ねじれに対して強くするための高剛性化と大幅な軽量化を両立している。ベアリングはカートリッジ方式で、クイックを締めても回転が渋くならない。重量は75gという超軽量ぶりだ

合5位という好成績を収め、ジロも02年に総合7位、03年に総合5位でフィニッシュしている。04年にはツール・ド・フランスで総合7位という成績を残し、「いぶし銀」と呼ぶにふさわしい活躍をしたが、決定的に不足していたのは「勝利」だった。常に上位フィニッシュしているにもかかわらず、ビッグレースでの勝利はまったくなかったのだ。

そのことについて一番焦っていたのは、トートシュニッヒ本人だった。そこで周到な用意の元、彼はツールでのステージ優勝を計画した。目標としたのは05ツールの第14ステージだ。アジェドをスタートして、いくつもの山を越え、ピレネーのスキーリゾート・Ax・3ドマーヌの頂上ゴールまでひたすら上る220・5kmの厳しい山岳ステージだった。クライマーでありタフなトートシュニッヒにうってつけのステージだと考えられたのだ。7月16日という開催日は14日のフランス革命記念日のすぐ後なので、フランス選手たちの攻撃がないというのも好材料だった。トートシュニッヒとゲロルシュタイナーのメンバーはツール前の合宿で入念にこのコースを

トートシュニッヒが05ツールの第14ステージで乗ったスペシャライズド・ターマックSL。フロントハブはドイツのチューンだ

走り込み、上りの長さや勾配のきつさ、カーブのひとつひとつまで徹底的に頭にたたき込んだ。

いよいよ決戦の時が訪れた。「今日は何が何でも勝つ」と心に決めたトートシュニッヒは、序盤から10名のエスケープ集団に乗った。そのなかにはステファノ・ガルゼッリ（イタリア、リクイガス・ビアンキ、当時）やフィリップ・ジルベール（ベルギー、フランセーズデジュ、当時）といった強豪選手が数多く含まれていた。当日は暑い晴天で、まさにサバイバルレースの様相を呈した。山を越えるたびに逃げ集団からは一人、二人と選手が脱落していく。しかし、トートシュニッヒにはコースを熟知しているという自信があった。最後の1級山岳でガルゼッリを振り切ると、誰よりも先にＡｘ・3ドマーヌの頂上ゴールに飛び込んできたのだった。ゴール後、トートシュニッヒは誰の目をはばかることもなく歓喜に泣き崩れたのだった。

勝利を支えた陰の立て役者

このとき、トートシュニッヒが使用した自転車は、スペシャライズド・ターマックＳＬ。コンポーネントはシマノ・デュラエース７８００系、ホイールはＷＨ－７８０１だ。まあ、これ以上オーソドックスなバイクもないというほどのバイクだった。

しかし、よく見てみると、一カ所だけ不思議な部分があった。フロントホイールのハブである。露骨にガムテープを張ってブランド名を隠したそれは、ドイツのチューンのものだったのだ。メカニックは「抜群の回転性能で、２００㎞走ればノーマルのハブより数１００ｍは早くゴールできるはずだ」と話してくれた。確かに、逃げがゴール直前に吸収されることはよくある。この日ステージ2位だったランス・アームストロングとの差はわずか56秒。ひょっとすると、このハブがなかったら、トートシュニッヒの勝利はなかったかもしれないのだ。

BAR TAPE

CHAPTER: 6

EYEWEAR,

Name

Greg LeMond

グレッグ・レモン（アメリカ）

Debut 1981 Retirement 1994

Item

OAKLEY
EYESHADE

アメリカ人として初めてツール・ド・フランスを制したグレッグ・レモンが
ヨーロッパのプロレースにもたらしたものは数多い。サングラスをかけるスタイルを定着させたのも、
彼の影響によるところが大きい。

Supreme Products of
Top Cyclists

#34
Greg LeMond

奔放な性格とあふれ出る才能

グレッグ・レモンは1961年6月26日、ネバダ州レノで生まれた。「グレッグ」というのはもちろん愛称で、戸籍上の名前はグレゴリー・ジェームス・レモンという。多くのアメリカ少年が野球やアメリカンフットボール、バスケットボールに夢中になるなか、グレッグ少年は小さい頃から自転車に夢中になった。「自転車に乗ることによって、世界が広がった。それまで行ったことのないところまで行かれるようになり、少年だった僕はそれにワクワクしたものだ」とインタビューで語っている。

彼にとって自転車は単なる移動のための手段ではなく、冒険のための道具であり、最良のパートナーだった。グレッグ少年は毎日、心の向くまま気の向くままに自転車に乗った。それほどの自転車好きであったから、自然と自転車に乗るのも速くなっていった。試しにレースに参加してみると、自分でも驚くような好成績でフィニッシュできるではないか！　そうなると、当然のことながらレースに傾倒するようになる。

グレッグ少年の才能は非凡だった。レースを始めるとメキメキと頭角を現すようになり、アメリカナショナルチームに抜擢されるまでになったのだ。そして、79年にはジュニア世界選手権ロードレースを制し、一躍脚光を集めるようになった。そんなグレッグ少年に目を付けたのが、ルノー・ジタンチームを率いる名将シリル・ギマールだった。彼をアメリカから呼び寄せ、81年に自分のチームからプロデビューさせたのである。

レモンがレースでかけたら人気&注目度が大爆発!

1985年に発売されたオークリー初のスポーツ用アイウェア。この年、グレッグ・レモンがツールでこれを使用したため、世界的に大ブレークした。フレームの色が黒、白、黄、赤、青と豊富で、ジャージとカラーコーディネイトできるという楽しみもあった

83年、22歳で世界選を制覇

今でこそ多くのアメリカ人選手がヨーロッパのプロレースで活躍しているが、80年代前半まではほんの数人しかいなかった。そんな中で、グレッグ・レモンの活躍はひときわ輝いている。プロ入り2年目の82年の世界選手権では、ゴール前でイタリアのジュゼッペ・サロンニに敗れたものの、2位という好成績でフィニッシュし、アメリカ人がヨーロッパのプロレースでも活躍できることを証明してみせた。そして翌83年の世界選では、前年の反省を生かし、見事な独走による優勝を決めたのである。もちろん、アメリカ人初の世界選制覇。グレッグ・レモンは22歳という若さでそれを成し遂げたのである。

84年にはツール・ド・フランスに初めて参加。チームのエースであったローラン・フィニョンの総合優勝に貢献しながら、みずからも総合3位でフィニッシュし、マイヨ・ブラン（新人賞）も獲得した。85年、ラヴィクレールに移籍すると、こんどはベルナール・イノーの総合優勝を大きく助け、総合2位でフィニッシュ。そして、翌86年に悲願の総合優勝をアメリカ人として初めて成し遂げたのである。その後、レモンは猟銃事故などの不運にみまわれるものの、89年、90年のツールでも総合優勝を成し遂げている。

多くのアイテムをヨーロッパに持ち込む

伝統にとらわれないアメリカ人ゆえ、彼がヨーロッパのプロレースに持ち込んだものはじつに数多い。89年、タイムトライアルにDHバーを初めて使用したのはあまりにも有名だ。またこの年、レモンはアメリカのジロが開発した軽量ヘルメットを被り、これをヨーロッパのプロレースに定着させるきっかけも作っている。

サングラスもレモンが流行らせたものといっても過言ではないだろう。85年、オークリーが開発した初のスポーツ用アイウェア「アイシェード」を装着し、ツールを始めとするメジャーレースで大活躍したのである。それまで、ヨーロッパのプロ選手にレース中サングラスをかける習慣はほとんどなかった。しかし、アイシェードをかけて活躍するレモンを見て、多くの選手がそれを真似したがったのである。また、オークリー社のプロモートも上手かった。レースのスタート前にオークリーのサービスマンが選手たちに「これをかけると目にゴミが入らないし、紫外線はカットしてくれるし、本当に快適だよ。試してみて」とアイシェードを配ったのである。当時、本格的な自転車レース用サングラスなどなく、当然のことながらメーカーと契約している選手もいなかったので、どの選手も配られるがままにすんなりとアイシェードを装着してレースを走ったのだ。費用対効果という点で、これほど効率の良いプロモートもないだろう。

ご承知のとおり、今ではプロ選手だけでなく、アマチュアライダーからツーキニストに至るまで、ほとんどの自転車乗りがサングラスをかけ、ヘルメットを被る。またタイムトライアルレースでは、誰もが当たり前のようにＤＨバーを使用するようになった。

グレッグ・レモンは単なる一流選手であっただけでなく、伝統的なヨーロッパのプロレースのスタイルを、そして自転車乗りのファッションを、根本から変えた人物でもあるのだ。

レモンはサングラスのほか、DHバーやヘルメットなど、数多くのアイテムをヨーロッパのレースに持ち込んだ

Name
Sean Kelly

ショーン・ケリー（アイルランド）

Debut 1977 | Retirement 1994

Item
VELOX
TRESSOSTAR

1970年代にはコットン製のバーテープがプロレースの世界で広く使われていた。
アイルランドのケリーは、90年代までコットンバーテープにこだわり続けた選手だ。

Supreme Products of
Top Cyclists

#35
Sean Kelly

**極めて優れた滑り止め性と
適度な吸汗性で一世を風靡**

1970年代に大ヒットしたフランス製のコットンバーテープ。この「トレソスター」のほかに、薄手の「トレソレックス」という製品もあった。クッション性はほとんどないものの、滑り止め性は抜群で、コットン（綿）製であるゆえ吸汗性も適度にあった

アイルランドの天才レーサー

ショーン・ケリーは１９５６年5月24日、アイルランドのウォーターフォードでケリー家の次男として生まれた。われわれ自転車ファンには「ショーン」の名前で知られているが、じつはこれはニックネームで、戸籍上の名前は「ジョン・ジェームス」という。父親は農場を経営しており、48エーカーの耕地を持っていた。

父が潰瘍で入院したため、ショーンは13歳で学校を退学し、農場での仕事を始める。同じ頃、兄ジョーの影響で自転車競技を始めると、いきなり非凡な才能を見せ、１９７２年、16歳のときにアイルランドのナショナルジュニアチャンピオンとなった。翌73年にもナショナル選手権ジュニアで優勝。そして、まだ18歳になっていないにもかかわらずシニアカテゴリーで走り始め、74年にはシェイ・エリオット・メモリアルレースを制する。75年にも同レースで優勝するとともに、ツアー・オブ・アイルランドでステージ優勝を果たした。そして、76年にはアマチュアのジロ・ディ・ロンバルディーアをも制してしまった。

そんなケリーに目を付けたのが、フランドリアのジャン・ド・グリバルディ監督だった。77年にケリーはフランドリアからプロデビューする。78年には早くもツール・ド・フランスでステージ優勝し、79年にはブエルタ・ア・エスパーニャでもステージ2勝、80年にはツールでステージ2勝、ブエルタでステージ5勝を記録する。その後もツールとブエルタで常に安定した成績を残し続け、

ツールではステージ通算5勝、ブエルタでは何とステージ通算16勝を挙げるとともに、88年には総合優勝も果たしている。またツールではマイヨヴェールを4度獲得、ブエルタでもポイントジャージを4度獲得。

ケリーはクラシックレースでも圧倒的な強さを見せた。ミラノ～サンレモは86年と92年、パリ～ルーベは84年と86年、リエージュ～バストーニュ～リエージュは84年と89年、ジロ・ディ・ロンバルディーアは83、85、91年に優勝している。また、パリ～ニースでは82～88年に7連覇という偉業を達成し、この記録はいまだに誰にも破られていない。

ケリーの所属チームは79～81年にはスプレンドール、82～83年にはセム・フランスロワール、84～85年にはスキル・セム、86～88年にはカスとめまぐるしく変わっているが、一貫しているのはグリバルディ監督の下で走り続けたということだ。87年にグリバルディ監督が急逝すると、オランダのPDMへ移籍し、91年まで在籍する。その後、92～93年はフェスティナ・ロータス、94年にカタヴァナに所属して、現役を引退している。ただ単に選手寿命が長かっただけでなく、常にトップ選手であり続けたことは驚愕に値するだろう。同じアイルランド出身のスティーヴン・ローチェ（ステファン・ロッシュ）が87年にジロ、ツール、世界選を制するトリプルクラウンを達成した以外は泣かず飛ばずであったのと対照的だ。

91年のジロ・ディ・ロンバルディーアを制したケリー（PDM、当時）。80年代後半以降はスプリンターからオールラウンダーへと変貌した

コットンバーテープとなで肩ハンドルバー

ぼくとつで我慢強いアイリッシュという印象が強いケリーだが、使用機材に対するこだわりは半端ではなかった。カス時代にヴィチューのアルミ&カーボンフレームが大のお気に入りとなると、PDMに移籍してからもヴィチューをコンコルドカラーに塗り直して使用するほどだった。フェスティナ・ロータスに移籍したときなど、チームと掛け合ってヴィチューを採用させたほどである。また、現役時代の多くをマビックのコンポとともに過ごしており、同社の広告塔の役割も果たしていた。

さらに、もともとスプリンターだったためかトークリップ&ストラップを愛し続け、なかなかビンディングペダルを使おうとしなかったことも特筆に値する。同様にハンドルバーもスプリンターが好むなで肩バーを引退まで愛用し続けた。そして、そのバーに装着されたのは引退するまでコットンバーテープだった。80年代には「セロテープ」と称するビニール製のバーテープが、90年代になるとウレタンにコルク片を混ぜた「コルクテープ」が大流行するが、ケリーはそれらに見向きもせず、ずっとトラディショナルなコットンバーテープを愛したのである。

02年のロンド・ファン・フラーンデレンを取材した折り、テレビ解説者としてやってきていたケリーと話をしたことがある。彼曰く「ゴール前でスプリントの体制に入り、下ハンをグッと握ったとき、セロテープはつるつる滑るんだよ。コットンバーテープならそんなことはない。ピタッと位置が決まって絶対にずれないいんだ。僕の勝利を支えてくれた縁の下の力持ちだよ」。

現在、コルクテープが主流となっているが、手の小さいライダーの中には「あの太さが」と思っている人も多いだろう。そんな方はコットンバーテープを試してみてはいかがだろうか。「ああ、これがケリーの愛用したバーテープなんだな」と思いを馳せてみるのも一興だ。

CHAPTER: 7

FRAME,FORK

	Cyclist	Item
174	**Damiano Cunego**	CANNONDALE / CAAD8
178	**Luis Herrera**	ALAN / CARBON
182	**Axel Merckx**	EDDY MERCKX / CARBON AXM
186	**Michael Rasmussen**	COLNAGO / EXTREME C
190	**Filippo Pozzato**	CANNONDALE / SUPER SIX
194	**Magnus Backstedt**	BIANCHI / EV TITANIUM
198	**Jaan Kirsipuu**	DECATHRON / PROTOTYPE TITANIUM
202	**Robbie McEwen**	RIDLEY / DAMOCLES(FORK)

Name

Damiano Cunego

ダミアーノ・クネゴ（イタリア）

Debut	Retirement
2002	Active Player

Item

cannondale
CAAD8

2000年代に入ると、レース用バイクのフレーム素材は
アルミからカーボンへと移行していった。
しかし、ダミアーノ・クネゴはアルミフレームとともに活躍し続けた……。

Supreme Products of
Top Cyclists

#36
Damiano Cunego

彗星のように現れた〝驚異の新人〟

ダミアーノ・クネゴは1981年9月19日、イタリア・ヴェネト州ヴェローナ県チェッロヴェロネーゼに生まれた。これはあまり知られていないことであるが、クネゴが最初に選んだ競技スポーツは自転車ではなく、陸上のクロスカントリーだった。しかし、ヴェローナ県はイタリアのなかでももっとも自転車競技の盛んな地方のひとつである。やがてクネゴも自転車競技の魅力に取りつかれ、10代の頃から本格的に自転車競技を始めることとなる。クロスカントリーで鍛えた基本的な筋力や心肺機能は素晴らしく、クネゴは自転車競技を始めるとメキメキと頭角を現していった。

ジュニアカテゴリー、アンダー23で優秀な成績を残したクネゴは、やがてマルコ・パンターニを育てたことで有名なジュゼッペ・マルチネッリ監督の目に留まる。そして、2002年に20歳の若さでサエーコからプロデビューを果たした。しかし、アマチュアとプロの世界はまったく違う。才能溢れるクネゴであったが、当初の役割はエースであるジルベルト・シモーニのアシストであった。プロ入り後2年間は特に目立った活躍をすることはなかった。それでも02年にはジロ・デ・オロ、ジロ・デル・メディオ・ブレンタといった小さなレースで優勝し、大器の片鱗を見せていた。03年にはツアー・オブ・シンハイレイクで優勝し、初めて参加したジロ・デ・イタリアでは34位で完走を果たしている。

転機が訪れたのは04年。シモーニのアシストとして出場したジロ・デ・イタリアにおいてステージ4勝を果たし、さらには総合優勝している。22歳とい

ジロを制覇して
アルミフレームの性能を証明した

カーボンフレームの優秀性を否定するつもりはないが、アルミにはアルミの良さがあるのも事実だ。シャキッとしたアルミの乗り味は、現代でもレース用機材として十分に武器となる。写真は05年のジャパンカップ優勝時にクネゴが使用したCAAD8だ

う若さでグランツールを制覇したことにより、マスコミはいっせいに「驚異の新人」、「10年……、いや20年に1人の逸材」、「クネゴ時代到来」などと書き立てた。また169㎝と小柄なことと端正な顔立ちをもっていることから「小さな王子様」というニックネームもついた。

キャノンデールのアルミがクネゴの走りを支えた

そんなクネゴがプロ入り以来、一貫して使い続けていたのがキャノンデールの「ハンド・メイド・イン・USA」のアルミフレームだった。

言うまでもなく、キャノンデールは同じくアメリカのクラインとともに薄肉大径アルミフレームの元祖的な存在だ。早くも1980年代からアルミフレームの生産を開始している。そのアルミフレームに与えられたコードネームは「CAAD」。これは「キャノンデール・アドヴァンスド・アルミニウム・デザイン」の略で、モデルが新しくなるたびにCAAD1、CAAD2、CAAD3というように末尾の番号が増え、現在はCAAD10にまで進化している。クネゴが2004年のジロを制したときに使っていたのは、CAAD8であった。

身長169㎝と小柄なクネゴ。回転で山岳をこなすタイプの選手だ。その走りのスタイルは、日本人がもっともお手本とすべきものなのかもしれない

1997年、キャノンデールがイタリアのサエーコにフレーム供給し、初めてヨーロッパのプロレース界に参入したときはまだCAAD3で、この頃はいかにもMTBに出自をもつ無骨なアルミフレームという印象だった。しかし、スプリンターのマリオ・チポッリーニにはその硬い乗り味が合っていたようで、CAAD3とともに豪快なスプリントを決めて勝利を量産した。

98年に発表されたCAAD4では、現在のキャノンデールのアイデンティティともなっているアワーグラス（砂時計）型チェーンステーが取り入れられ、バックの振動吸収性が格段に向上した。そして、CAAD5、CAAD6……

と進化を重ねるたびに、あらゆる部分が洗練されていった。

私の話で恐縮なのだが、2002年の暮れに当時ミヤタ・スバルで走っていた真鍋和幸選手、自転車ツーキニストの疋田智さんとともに、キャノンデールを含む7ブランドのアルミフレームを乗りくらべたことがある。その時、期せずして「キャノンデールの性能は突出しているね」というのが3人の共通した意見だった。当時はCAAD7だったが、それはそれはよく走るフレームなので驚かされたものだった。

シックス13に乗らずにCAAD8を選択

じつはクネゴがジロを制した04年に、キャノンデールはまったく新しいコンセプトで開発したカーボン×アルミのハイブリッドバイク「シックス13」をプロの実戦に投入していた。シモーニを始めとして、サエーコのほとんどのライダーがアルミフレームからシックス13に乗り換えたのだが、クネゴは頑としてそれを拒否。それほどまでにクネゴはキャノンデールのアルミフレームを気に入っていたのである。ジロを制した後、04年のジロ・ディ・ロンバルディーアもCAAD8で制している。

チーム名がサエーコからランプレ・カッフィータとなった05年にも、クネゴは引き続きCAAD8を使い続けた。この年、ジャパンカップで来日して見事優勝をもぎ取ったが、そのときの相棒となったのも、やはりシックス13ではなく、フルアルミのCAAD8だった。

06年、ランプレの使用バイクはウィリエールとなったが、ここで初めてクネゴはカーボンに乗り換えた。06年のジロ・デ・イタリア取材時にこの辺のことをクネゴにインタビューしてみたのだが、「別にアルミとかカーボンとか素材にこだわっているわけじゃないよ。乗ってよく走るフレーム、これが一番なのさ」という答えだった。現代の名だたるカーボンフレームと肩を並べるほど、キャノンデールのアルミフレームが優れているということを確認できた瞬間でもあった。

Name

Luis Herrera

ルイス・エレラ（コロンビア）

Debut 1985 | Retirement 1992

Item

ALAN
CARBON

スチールフレームが当たり前だった1980年代。
コロンビアのヒルクライマー、ルイス・エレラはアラン・カーボンを駆り85年のツールに参戦。
山岳ステージを2つ制し、見事に山岳賞を獲得した。

#37
Luis Herrera

**世界初の量産型
カーボンフレーム**

アランが1976年に開発した世界初の「接着カーボンフレーム」。72年に接着アルミフレームの開発に成功していたアランにとって、アルミチューブをカーボンチューブに差し替えることで簡単に製品化することができた。写真は2000年代の最後期モデルだ

コロンビアが生んだ生粋のクライマー

ルイス・エレラは1961年5月4日、コロンビアのフサガスガに生まれた。11歳のときに母親に買ってもらった自転車で通学するようになったのが、彼が自転車競技に開眼するきっかけとなった。エレラの家は生花業をしていた。やがて彼は家業を手伝うために40㎞も離れた首都ボゴタまで自転車で毎日、花の配達をするようになる。ただでさえ標高の高いコロンビアであるから、この往復80㎞の花配達は、自然と高地トレーニングとなり、いつしか彼はプロの自転車選手も顔負けするほど強くなっていった。

79年、エレラはチームタイムトライアルのコロンビアチャンピオンとなる。そして、それらの実績が買われ、84年のツール・ド・フランスにコロンビアのアマチュアチームとして出場を果たした。アマチュアがツールに参加するというのも驚くべきことだが、そのときの成績にはさらに驚かされる。ベルナール・イノーやローラン・フィニョンといった強豪を抑えて、ラル

世界初の接着アルミフレーム、接着カーボンフレームを開発した「新素材フレームの父」ルドヴィーゴ・ファルコーニ

プ・デュエズのステージを制してしまったのだ。もちろん、コロンビア人として初めてのツールのステージ制覇だ。すでにこの頃、グレッグ・レモンやオーストラリアのフィル・アンダーソンなど非ヨーロッパの選手の活躍が目立ち始めていたが、このコロンビア選手の活躍は、さらに驚愕をもって迎えられた。

翌85年、コロンビアのコーヒー卸売り組合「カフェ・ド・コロンビア」がスポンサーとなり、コロンビア人の純血チームが立ち上げられ、エレラがそのチームのエースとなる。そして、プロ選手として初めてツールに参加すると、前年にも増して山岳での強さが際立つようになり、２つの山岳ステージを制するとともに山岳賞までも手中に収めてしまった。個人総合も7位と立派なものだ。その細長い四肢で軽々と山を上る様子は、まさに蜘蛛を連想させた。

その後エレラは87年にもツールで山岳賞を獲得するとともに、ブエルタ・ア・エスパーニャの山岳賞獲得と総合優勝を果たす。さらに、89年のジロ・デ・イタリアでも山岳賞を手中に収め、「山岳王」の名を欲しいままにしたのだった。そして、グレッグ・レモンとともにツールの、そしてヨーロッパの民族スポーツともいえる自転車競技のグローバル化に多大なる功績を残したのである。

「新素材フレーム」がエレラの走りを支えた

85年にエレラが所属するカフェ・ド・コロンビアが採用したフレームがイタリアのアランが誇る「接着カーボンフレーム」だった。当時、どんな軽量スチールフレームでもフレーム単体重量で２kgを下回るものはほとんどなかったが、アラン・カーボンは２kgをはるかに下回る１・５kgほどの重量しかなかった。もともと体重の軽いエレラが、さらに軽い自転車に乗ったのであるから、まさに「鬼に金棒」であったわけだ。ライバルのイノーやレモン、フィニョンらが皆スチールフレームに乗っていたので、その優位性はさらに高まったといえるだろう。

アラン・カーボンの開発の経緯についてお話しよう。1970年代の初め、イタリアの技術者ルドヴィーゴ・ファルコーニは、自転車の軽量化に強い関心を抱いていた。「なぜパーツは鉄からアルミに変わって大幅な軽量化を果たしたのに、フレームは鉄のままなのだろう」というのが彼の大きな疑問だった。まあ、ここまでなら大した話ではない。ファルコーニがすごかったのは、ならば自分で作ってしまえと思ったことだ。様々なトライ&エラーを繰り返し、72年にアルミチューブをアルミラグでつなぐ「接着アルミフレーム」の開発に成功したのである。

さらにファルコーニがすごかったのは、アルミで満足しなかったことだ。当時やっと開発され始めたばかりのカーボンコンポジット素材に興味を示し、4年後の76年にはアルミチューブをカーボンチューブに差し替えた世界初の「接着カーボンフレーム」をも開発したのである。

しかし、開発当初はそのあまりの軽さから、逆に選手に受け入れられなかったという。「スプリントをしたら壊れてしまうのでは?」とか「峠の下りでバラバラになったら……」というのが選手たちの意見だった。しかし、ファルコーニはカーボンの物理的特性をしっかりと理解していたので、この製品を諦めることはなかった。ファルコーニのアイデアと信念には、感服せざるを得ない。

85年にエレラがアラン・カーボンでツールの山岳賞を獲得する活躍を見せたのは、カーボンの安全性と優位性の証明となるとともに、格好の宣伝材料ともなった。87年、コルナゴは自社初のカーボンフレームの製作をアランに依頼し、ダウンチューブが2本に分かれた「カルビチューボ」を発表している。また、91年に世界戦を制覇したイタリアのジャンニ・ブーニョは、翌92年にビアンキを駆って2連覇を果たしているが、そのときにブーニョが乗ったバイクはビアンキがアランに依頼して製作されたカーボンバイクだった。

Name

Axel Merckx

アクセル・メルクス（ベルギー）

Debut	1993	Retirement	2007

Item

EDDY MERCKX

CARBON AXM

ベルギーチャンピオンやアテネ五輪での銅メダル獲得など、輝かしい戦績を残しながら、
あまりにも偉大な父をもってしまったために、高い評価を得ることが少なかったアクセル・メルクス。
彼は2005年、父のブランド「エディメルクス」に乗ってレースを走った。

Supreme Products of
Top Cyclists
#38
Axel Merckx

史上最強の選手を父にもった宿命

アクセル・メルクスは1972年8月8日、ベルギー・ブリュッセルのウックルに生まれた。言うまでもなく、父親は史上最強の選手エディ・メルクスであり、アクセルは小さい時から父の英才教育を受けて育った。

父エディは、ビッグレースはもちろんのこと、地方の小さいレースに至るまで、勝つことにとことんこだわった。近年ではレースの専門化が進み、ツールでの勝利を目指している選手がそれ以外のレースで他の選手をアシストすることもあるが、エディはとにかくどんなレースでも自分が勝つことにこだわったのだ。

そんな父と子の関係を表す面白いエピソードがある。アクセルがまだ小さかった頃、よく父エディと自転車に乗って遊ぶことがあった。父と子が2人で走っていて、「よし、あの丘の上までお父さん

父のブランド“エディメルクス”のフラッグシップ

工房立ち上げの際、ウーゴ・デローザから教えを請うたエディメルクスだが、カーボンの時代になってイーストンとの協力体制を作るようになった。2005年当時のフラッグシップモデル「カーボンAXM」もイーストンと共同で開発したバイクである。エディメルクス創業25周年記念モデルであり、航空機産業用T700カーボンとケブラーに加え、チタンメッシュレイヤーを採用しているのが特徴だ

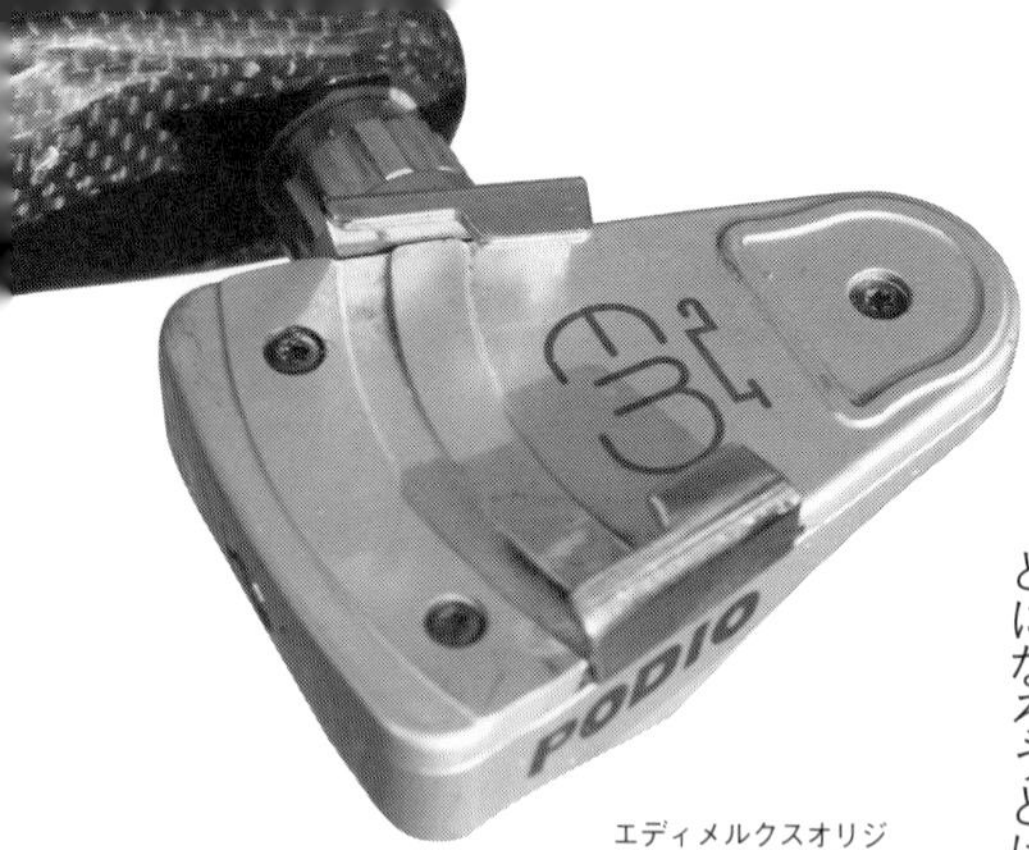

エディメルクスオリジナルのペダル「ポディオ」。選手の評判は芳しくなく、05年当時はアクセル・メルクスのみが使用していた

と競争だ!」なんていうシチュエーションになったとき、たいていの父親は子供に勝ちを譲るもの。しかしエディは違っていた。どんな場面でさえも、アクセルに勝ちを譲らなかったというのだ。獅子は我が子を千尋の谷に突き落とすというが、まさにそんな感じでアクセルは育てられたのである。

　アクセルは93年、20歳の若さでモトローラからプロデビューを果たす。当時モトローラはエディメルクスの自転車を使用していたので、その関係からアクセルがモトローラ入りを果たしたのだった。半ば父エディのゴリ押しであったということもできよう。ちなみに93年というと、当時モトローラに所属していたランス・アームストロングがオスロで行われた世界選手権で優勝した年だ。ランスはチームの自転車を始めて見たとき、「このエディ・マークスって誰なんだい?」と言ったという。トライアスロン出身のランスがエディ・メルクスのことを知らないのも無理はなかった。そのことがエディの耳に入ったかどうかは知らないが、まさかその男が後にエディのツール5勝という記録を抜くことになろうとは……。

　一方、アクセルの成績は悪くはなかったものの、しょせんアシスト選手。華やかな成績を挙げることはなかった。96年にはジロ・ディ・ロンバルディアで3位、98年にはクラシカ・サンセバスティアンで2位という成績は残したが、ビッグレースでの勝利は皆無だった。この頃、アクセルはよく「白鳥がアヒルを産んだ」といった趣旨の揶揄をされることが多かった。選手としては決して弱いほうではなかったものの、あまりにも偉大な父をもった宿命だった。

　そんなアクセルに転機が訪れたのは２０００年のことだ。ジロ・デ・イタリアの第8ステージで優勝すると、ベルギー選手権でも勝ち、ナショナルチャンピオンジャージを着て走ることとなったのである。ベルギーといえば、世界に冠たる「ワンデーレース大国」である。その国内選手権を制することは、ある意味世界選で勝つことよりも難しい。やっと、父の呪縛から解放された年でもあった。

その後エディはいくつかのチームを転々とし、2001年にはドモ・ファームフリッツへ移籍する。これも父の自転車がらみの移籍であった。

チームでただ一人エディメルクスに乗る

父のブランドのバイクに乗ったアクセルは、04年のアテネ五輪ベルギー代表となった。その猛暑のレースでアクセルは、優勝したパオロ・ベッティーニらと競い、3位でフィニッシュしたのである。父が唯一果たすことの出来なかったオリンピックの表彰台に立ったアクセル。長い選手生活の中で、父を超えたたった一度の瞬間でもあった。

05年、ダヴィタモン・ロットの使用バイクはリドレーに変わったが、アクセルのみはエディメルクスを使い続けることとなった。もちろんその背景には偉大なる父の強い希望があった。使用バイクは、エディメルクス創業25周年記念モデル「カーボンAXM」。アクセルはそのバイクに乗り、ドフィネ・リベレの第5ステージで優勝、ブランバントス・パイルで3位となり、ツール・ド・フランスの第16ステージでも3位となった。

翌06年にはフォナックへ移籍し、バイクもBMCに変わってしまう。そして07年にはTモバイルへ移籍し、こんどはジャイアントに乗ることとなった。後にも先にも、アクセルがイレギュラーな状態でエディメルクスに乗ったのは05年だけだ。

Name

Michael Rasmussen

ミカエル・ラスムッセン（デンマーク）

Debut	Retirement
1995	2013

Item

COLNAGO
EXTREME C

レーシングバイクの世界に君臨するコルナゴ。意外なことにコルナゴの名前が入ったバイクがツールを制覇したことは一度もない。2007年、ミカエル・ラスムッセンがエクストリームCを駆り、総合優勝が手の届くところまではいっているのだが……。

Supreme Products of
Top Cyclists

#39
Michael Rasmussen

MTBで頂点を極めロードに転向

ミカエル・ラスムッセンは1974年6月1日、デンマークのテレゼに生まれた。ツールの山岳王として名を馳せたラスムッセンだが、もともとはMTBの選手としてそのキャリアをスタートさせている。95年にスコット・インターナショナルからデビューすると、97年にはトレック・フォルクスワーゲンに移籍、そして99年のゲイリーフィッシャー時代にはXC（クロスカントリー）の世界チャンピオンにまで上り詰めている。その後、2000年からはハロー・リー、01年にはダンガリーズに所属したが、ここでMTB選手としてのキャリアにピリオドを打った。

02年、ビャルヌ・リース監督率いるCSC・ティスカリのスタジエール（研修生）となり、こんどはロード選手としてスタートする。MTBで世界の頂点を極めたラスムッセンの持久力、パワー、テクニックがロードの世界で開花するのに、たいした時間は必要なかった。03年にラボバンクから正式

山岳賞獲得とツール制覇のためにに作られたバイク

名車C50をベースとして、ラスムッセンの山岳賞獲得、そしてツール制覇のためにチューンされた超軽量バイクである。丸断面の軽量カーボンチューブ、リーフチェーンステーを組み合わせたのが特徴だ。フォークは評価の高かったスターカーボン、シートステーも定評あるBステーである。そのスマートな仕上がりは、多くのコルナギスタ（コルナゴファン）をして「歴代最高傑作」と言わしめるほどである

にプロデビューを果たすと、04年には早くもツールで山岳賞3位となったのである。

少々余談になるが、近年ではMTB出身選手の活躍が目覚ましい。2011年のツールの覇者カデル・エヴァンスもラスムッセンと同時期にMTBで活躍した選手であり、1998、99年と2年連続してワールドカップXC部門で総合優勝を果たしている。かつては「回転力のあるピスト出身の選手が大成する」と言われたものだが、これからは「パワーとテクニックがあるMTB選手が大成する」という方程式ができ上がるのかもしれない。

エルネスト・コルナゴの悲願、ツール制覇

ラスムッセンには2005年にスペシャルバイクが与えられた。それがコルナゴが誇る超軽量カーボンバイク「エクストリームC」だった。ラスムッセンはそのスペシャルバイクで、まるで羽が生えたかのごとく軽々と山岳を上り、ライバルを寄せ付けることなく山岳賞を獲得したのだった。翌06年もエクストリームCとともに危なげなく2度目の山岳賞を勝ち取り、「山岳王」の名を欲しいままにしたのである。そんなラスムッセンに与えられた愛称は「テレゼのチキン」という何ともありがたくないものだった。徹底的に贅肉がそぎ落とされたラスムッセンの肢体は、確かにチキンを連想させる雰囲気があった。

いよいよ07年はツールの総合優勝に手が届く位置に来ていた。事実、山岳ステージで大逃げを決め、マイヨジョーヌとマイヨ・ブラン・ア・ポワ・ルージュ（山岳賞ジャージ）を両方とも獲得する活躍を見せたのである。その後、ライバルであるアレクサンドル・ヴィノクロフがドーピング疑惑によって途中棄権を余儀なくされる。さらに、第16ステージの山岳でも圧勝して総合優勝をほぼ確実にしたかと思われた。

しかし、そこでとんでもないことが起こる。このツール開催前に、選手に義務付けられている所在

地報告を繰り返し怠ったこと、6月中にチームに対し所在地を偽って報告していたことを理由に、第16ステージに勝った直後にラボバンクから追放されてしまったのである。なぜツールの期間中に、そしてマイヨジョーヌを着てからそのような処分が下されたのかはわからないが、とにかくラスムッセンのツール制覇は、その手の中からするりとこぼれ落ちてしまった。それは同時に、エルネスト・コルナゴの悲願であった「コルナゴの名前がついたバイクによるツール初制覇」が潰えた瞬間でもあった。

レーシングバイクの世界に君臨するコルナゴだが、意外にもコルナゴの名前が入ったバイクがツールを制覇したことはない。エディ・メルクスがコルナゴ製のバイクでツールを制覇しているものの、それはあくまで「エディ・メルクス」のロゴがついたバイクだった。それゆえ、誰よりもレースを愛するエルネスト・コルナゴにとって、ツール制覇はクラシックや世界選で勝つこと以上に悲願となっていた。

エルネスト・コルナゴはジュゼッペ・サロンニやヤロスラフ・ポポヴィッチと同様に手塩にかけてラスムッセンの面倒をみた。わざわざコルナゴ本社があるカンビアーゴのそばに家を世話したほどだった。そのラスムッセンがほぼ総合優勝を決めた直後にツールを去ったのであるから、そのときのエルネストの悔しがりようは想像に難くないだろう。

ステム一体型ハンドル「チネリ・RAM」を愛用した。サイクルコンピュータを使わないのもラスムッセンのこだわりだった

Name

Filippo Pozzato

フィリッポ・ポッツァート

Debut	Retirement
2000	Active Player

Item

cannondale
SUPER SIX

フィリッポ・ポッツァートは「イタリアの伊達男」として名高い。
そんな彼を引き立たせるため、キャノンデールは2008年のツール・ド・フランスでフルカーボンバイク「スーパーシックス」をベースとしたスペシャルバイクをつくった。

Supreme Products of
Top Cyclists

#40
Filippo Pozzato

“アート”と呼ぶのにふさわしい
スペシャルペイントバイク

スーパーシックスは2008年、キャノンデールが満を持してリリースしたフルカーボンバイクだ。その年の春先からリクイガスチームに供給され、その輝かしい勝利の歴史を支えることとなる。そして、同年のツール・ド・フランスで、ポッツァートはエースナンバーをつけ、イタリアの「バルツァデザイン」によるスペシャルペイントバイクを駆った

ヴィチェンツァが生んだ天才ライダー

フィリッポ・ポッツァートは1981年9月10日、イタリアのヴェネト州ヴィチェンツァ県サンドリーゴに生まれた。言うまでもなく、ヴィチェンツァはカンパニョーロのお膝元だ。この近辺はロンバルディア州のベルガモと並んで、自転車競技の盛んな土地である。ポッツァートも当然のことながら少年時代から自転車競技に親しんだ。

ポッツァートは天才肌の選手だ。1998年、世界選U19のイタリア代表に選出されると、ロードレースで2位、タイムトライアルでも2位、さらにトラック競技のチームパシュートでも2位という好成績を収め、一躍脚光を集めるようになった。翌99年も世界選チームパシュートで3位になると、2000年に19歳の若さで当時の最強チーム「マペイ・クイックステップ」からプロデビューを果たした。

しかし、プロの世界は甘くなかった。そんな天才肌の選手をして、まったく活躍できなくなったのである。しかし、彼はあせることなく、地道にトレーニングを続けた。03年、マペイの解散にともないファッサボルトロへ移籍すると、いきなり転機が訪れた。何と22歳の若さで春先の重要レース、ティレーノ〜アドリアティコを制したのである。さらに、04年にはツール・ド・フランスで区間優勝も果たしている。

05年、クイックステップへ移籍しても快進撃は続いた。同年のヘウ・サイクラシックスも制すると、06年には多くのクラシックハンターが勝利を夢見るミラノ～サンレモを制したのである。本来、このレースではトム・ボーネンとパオロ・ベッティーニがクイックステップのエースだったが、逃げ集団に入っていたアシスト役のポッツァートがレース展開上アタックを仕掛けることとなり、そのまま勝利をもぎ取ったのであった。そういった「勝負強さ」にも、彼の天才ぶりを感じることができるだろう。

ダウンチューブの「キャノンデール」のロゴ。上には「ツール・ド・フランス'08」の文字が入っている

07年、リクイガスへ移籍するとオムロープ・ヘット・フォルクで優勝、さらにはツールでも区間優勝し、08年にはミラノ～サンレモ2位、ロンド・ファン・フラーンデレン6位などの勝負強さを見せた。09年にはカチューシャへ移籍、Ｅ３プライス・フラーンデレン、ジロ・デル・ヴェネト、イタリア国内選手権を制し、パリ～ルーベでも2位に入った。２０１０年には念願のジロ・デ・イタリアで区間優勝を果たし、２０１１年にはミラノ～サンレモ5位という安定した成績を残している。２０１２年にはファルネーゼヴィーニへ移籍。ミラノ～サンレモ6位、ヘント～ウェヴェルヘム９位、ロンド・ファン・フラーンデレン2位、ＧＰアルティジャナート優勝と相変わらず

非凡な才能を発揮し続けている。

剛性感溢れるバイクを好む

ポッツァートはバイクに対するこだわりをあまり見せない選手だった。強いて挙げれば、マペイ時代からずっとクラシックベントのハンドルバーを使い続けていることくらいか。しかし、カチューシャ時代に面白いこだわりを見せてくれた。当時のメインバイクはエアロ系のリドレー「ノア」と山岳用軽量モデルの「ヘリウム」だったが、ポッツァートはあえてセカンドグレードの「ダモクレス」をチョイスしたのである。もちろん、それには理由がある。ポッツァートはパヴェ走行も苦にしないクラシックハンターだ。クラシックレースでは、エアロ効果の高いバイクや軽量モデルよりも、「壊れないこと」が最重要項目となる。そこで、ダモクレスに白羽の矢が立ったというわけだ。

そしてリクイガス時代の2008年、ツール・ド・フランスで駆ったスペシャルバイクである。この年からリクイガスは最新のフルカーボンモデル「スーパーシックス」をメインバイクとして使用し始めたのだが、かつてサエーコに供給していたときのように、スペシャルバイクを用意することはなかった。しかし、最高の舞台であるツール・ド・フランスは別格だった。エースナンバーをつけたポッツァートに、気合いの入ったスペシャルペイントバイクを供給したのである。

「デザインを手がけたのは、イタリアのデザイン集団「バルツァデザイン」だ。深い色合いのグリーン一色に塗られたフレームにはゴールドのキャノンデールのロゴが輝き、「ツール・ド・フランス'08」の文字も刻まれている。その美しさと言ったら、それまでの派手なスペシャルバイクと一線を画するものがあった。一見シンプルなのだが、バイク好きが見ると「おっ、手が込んでいるな」とわかる憎い演出である。この手のバイクを作らせると、キャノンデールのセンスはピカイチだ。

Name

Magnus Backstedt

マニュス・バクステット（スウェーデン）

Debut 1996 | Retirement 2009

Item

BIANCHI

EV TITANIUM

近年では、プロ選手がレースでチタンバイクを使用することはほとんどない。
そんな中で、マニュス・バクステットはチタンバイクを用いて2004年のパリ〜ルーベを制覇した。

Supreme Products of
Top Cyclists

#41
Magnus Backstedt

もともとはスキー選手だった

マニュス・バクステットは1975年1月30日、スウェーデンの古都・リンシェーピングに生まれた。バクステットは少年時代から自転車選手だったわけではない。彼のスポーツのキャリアは、アルペンスキーから始まっている。それも14歳でナショナルチームに選ばれるほどの本格派で、自転車は単なるオフトレーニングの道具に過ぎなかった。スウェーデンといえば、あのインゲマル・ステンマルクを輩出したスキー大国である。そのスウェーデンでナショナルチームのメンバーに選ばれるということは、並大抵のレベルではないという証拠だ。

しかし、オフトレの道具にすぎなかった自転車にスキー以上の適性があるのではないかと感じるようになり、バクステットはだんだんと自転車競技に傾倒していった。身長193cm、体重94kgという体躯に恵まれたバクステットが自転車競技でも才能を開花させるのに、長い時間は必要なかった。93年にはスウェーデン国内選手権でジュニアの個人タイムトライアル、チームタイムトライアル、個人ロードの3種目すべてを制し、世間をあっと言わせたのである。

これらの活躍が認められ、バクステットは96年にコールストロップ・パルマンスからプロデビューを果たす。この年、GPディスベルグで2位となり、翌97年には同レースで優勝し、プロの世界でも通用するポテンシャルの高さを証明してみせた。

**パヴェを走るのに適した
しなやかな走行感**

90年台後半から2000年台前半にかけて、ビアンキはアルミの「XL EVシリーズ」、カーボンの「XLカーボン」、そしてチタンの「XLチタニウム」という幅広いラインナップを持っていた。プロ選手たちも自分の好みでそれぞれを使い分けていた。XLチタニウムは段付きのアウトバテッドチタンチューブを用いた意欲的なバイクだった

98年にはフランスの名門チーム・ガンに引き抜かれ、この年に初参加したツール・ド・フランスでステージ優勝を果たすという非凡ぶりを見せたのであった。99年にはツアー・ダウンアンダーで総合3位となったが、その後しばらくは目立った成績が残せなくなった。いわゆる、スランプに陥ったのだ。しかし、2003年のジロ・デ・イタリアでインテルジロ賞を獲得すると見事に復調し、04年のヘント～ウェヴェルヘムで2位となり、続くパリ～ルーベでファビアン・カンチェッラーラやロジャー・ハモンドらを破って見事に優勝を果たしたのであった。

活躍の陰にあったチタンバイク

バクステットがパリ～ルーベで優勝したのは、もちろん彼の努力によるものである。03年に復調し、確かな手応えを掴んだバクステットは、シーズンオフにパリ～ルーベのコースを徹底的に走り込み、各パヴェ（石畳）区間の走り方を頭にたたき込んだ。同時に、荒れたパヴェでも落車せずにまっすぐに走り抜くテクニックと、ライバルの誰にも負けない持久力をも手に入れていた。

2005年のツール・ド・フランスでもバクステッドは全ステージでビアンキ・EVチタニウムを使用した

これにプラスして、彼には特別な秘密兵器があった。ビアンキのレパルトコルセ（レーシング部門）で入念に仕上げられたチタンバイク「XLチタニウム」がそれだ。

またスチール（鉄）バイクが普通に使われていた1990年代前半、各チームのエース級の選手は、しばしばここ一番の勝負にチタンバイクを使うことがあった。それはスチールバイクよりも圧倒的に軽いという特性に注目したものであった。

しかし、90年代中盤以降、アルミバイクの全盛時代が訪れると、チタンバイクを使用する選手は極端に減った。さらに、カーボンバイクが全盛となった2000年初頭には、プロレースの世界からはほとんどチタンバイクはなくなってしまった。90年代初めまでは「スチールよりも軽く、アルミよりも強い」ともてはやされていたチタンが、2000年代になると「アルミよりも重く、カーボンよりも弱い」と揶揄されるまでになってしまったのである。

しかし、チタンバイクには他の素材にはない優れた特性があった。それが「しなやかな乗り味」である。バクステットはそのしなやかな乗り味に注目していた。そして、ビアンキのレパルトコルセに無理を言って、パリ〜ルーベ用のホイールクリアランスの大きいスペシャルのXLチタニウムを作らせた。こう書いてしまうと簡単なことのように思えてしまうが、タイヤクリアランスの大きいバイクを作るというのはひと苦労だ。設計はいちからし直さなければいけないし、カーボンフォークも特別なものが必要だ。大量生産するならまだしも、バクステット用に数台作るだけだから、そのコストは馬鹿にならない。しかし、バクステットはそんなレパルトコルセの努力に最高の形で報いることができた。何といっても伝統のクラシックで優勝したのだから、これ以上の恩返しはないだろう。

Name

Jaan Kirsipuu

ヤン・キルシプー（エストニア）

Debut	Retirement
1992	2012

Item

DECATHRON
PROTOTYPE TITANIUM

エストニアの英雄、ヤン・キルシプーもパリ～ルーベやロンド・ファン・フラーンデレンのような
パヴェ（石畳）のレースでチタンバイクを愛用した選手の一人だ。

Supreme Products of
Top Cyclists

#42
Jaan Kirsipuu

フランスで実績を積む

ヤン・キルシプーは1969年7月17日、エストニアの学問・文化の中心地タルトゥに生まれた。小さい頃からプロの自転車を夢見ていたキルシプーは、自転車競技が盛んでない国の多くのプロを目指す選手がそうするように、フランスへと武者修行にでかけた。彼が選んだのは、パリ郊外にある「アスレチッククラブ・ド・ブーローニュ・ビアンクール」だった。ジャック・アンクティルやベルナール・テヴネ、ステファン・ロッシュ、フィル・アンダーソン、ロバート・ミラーといった超一流の選手を数多く輩出している名門クラブだ。

フランスをベースに活動をしたキルシプーは、スプリンターとしてめきめきと頭角を現していく。そして92年、シャザルから念願のプロデビューを果たすと、早くもこの年、トロブロ・レオンで勝利するという新人らしからぬ活躍をしている。93年にもグランプリ・ディスベルグで勝利するが、その後は勝利に見放されてしまう。いわゆるスランプに陥ったのだ。

“地獄のパヴェ”で勝つための スペシャルバイク

デカトロンはフランスの総合スポーツ用品チェーン店だ。その自転車のラインナップは、お世辞にも高級とは言い難かった。そこでAG2Rにバイク供給をすることによって、イメージアップを図ったのである。その甲斐あってデカトロンのバイクの売り上げは倍増したという。チタンバイクはラインナップになかったため、アメリカのライトスピードに特注して、キルシプー用のパリ～ルーベスペシャルを制作した

チームがカジノとなった97年は、彼にとって再起の年だった。グランプリ・ド・ショレ・ペイ・ド・ロワールとツール・ド・ヴァンデで勝ったのである。98年にはブエルタ・ア・エスパーニャでステージ優勝を果たし、その存在が一躍有名になった。しかし、彼をスターへと押し上げたのは、何といってもの99年のツール・ド・フランスでのステージ優勝だ。多くのスプリンターが勝利を夢見る第1ステージで勝ったのであるから、その衝撃は大きかった。そしてマイヨジョーヌを第2ステージから第9ステージまで8日間も守ったのだった。母国エストニアでは連日、テレビニュースのトップ、あるいは新聞の一面で彼の活躍が伝えられ、彼は国民的なスターとなった。チームは2000年からAG2Rがスポンサーとなった。キルシプーがこのチームのエーススプリンターとなったのは言うまでもない。

キルシプーはエリック・ツァベルやオスカル・フレイレと似たようなタイプのスプリンターだ。すなわち、列車を組まなくても一人で良い位置取りをして勝ってしまうという選手である。ツール・ド・フランスでは2001年の第6ステージ、02年の第5ステージ、04年の第1ステージでも勝っているが、すべて列車に助けられずに独力でもぎ取った勝利だった。また生粋のスプリンターと思われがちなキルシプーだが、独走力もあり、02年のクールネ～ブリュッセル～クールネは独走により勝利している。

ライトスピードへパリ～ルーベ用を特注

90年代初頭までのスチールバイク全盛時代には、チタンバイクの魅力は「軽さ」だった。鉄の半分の比重しかないチタニウムは、スチールバイクよりも圧倒的に軽量化できるメリットがあったのだ。しかし、その後に訪れたアルミバイク全盛時代、そして2000年代以降のカーボンバイク全盛時代になると、この「軽さ」というメリットはなくなってしまった。チタニウムよりもアルミニウムやカーボンファイバー（炭素繊維）のほうがはるかに軽量だからだ。おまけに、アルミやカーボンのほうがチタンよりも製造コストが安かった。チタンバイクがメジャーになれないのは、その辺の理由によるものだ。

しかし、チタンバイクにも捨てがたい魅力が残っていた。それが悪路を走破するときの「しなやかさ」である。近年ではスペシャライズド・ルーベのようにカーボンでもしなやかな乗り味を演出したバイクは数多く開発されているが、２０００年代初頭にはそういったカーボンバイクはなかった。そこで当時、何人かのエースたちは、パリ～ルーベやロンド・ファン・フラーンデレン用のスペシャルとしてチタンバイクを使用していたのだ。

2009年のツール・ド・北海道にラトゥーアチームの一員として参戦したキルシプー。ステージ2勝を記録

キルシプーもその一人だった。しかし、あいにく当時キルシプーが所属していたＡＧ２Ｒにバイクを供給するデカトロンにはチタンバイクのラインナップがなかった。そこでチームはアメリカのチタンバイクの老舗・ライトスピードにパリ～ルーベ用のスペシャルバイクを特注したのである。しなやかさを損なわないためにダウンチューブはあえて丸断面のものとし、ミシュラン・プログリップ25Cが余裕で入るクリアランスを確保しているというのがその特徴だ。キルシプーはこのチタンバイクを駆り04年のロンド・ファン・フラーンデレンとパリ～ルーベを走った。残念ながらキルシプーは入賞できなかったが、チタンバイクの可能性を世に知らしめたという点で、彼の功績は大きいものだった。

Name

Robbie McEwen

ロビー・マキュアン（オーストラリア）

Debut	1996	Retirement	2012

Item

RIDLEY
DAMOCLES(FORK)

フロントフォークがバイクの乗り味に大きく影響することは、
疑う余地のない事実で、多くのプロ選手が多かれ少なかれ、こだわりをもっている。
スプリンターのロビー・マキュアンがこだわったのは、剛性感の高さだった。

Supreme Products of
Top Cyclists

#43
Robbie McEwen

BMX出身の天才スプリンター

ロビー・マキュアンは1972年6月24日、オーストラリア・クイーンズランド州ブリスベンに生まれた。小さい頃からBMXに親しんでいたマキュアンは、ジュニア時代にオーストラリアチャンピオンに輝いている。90年、18歳になるとロードレースに打ち込むようになったマキュアンは、生来の真面目さが功を奏し、メキメキと頭角を現すようになった。94年にはオーストラリアのナショナルチームメンバーに選出され、世界選にも出場している。

そんなマキュアンに目をつけたのがオランダのラボバンクだった。96年、同チームからプロデビューを果たすと、翌98年にはツール・ド・フランスに初出場し、117位で完走している。マキュアンの才能が開花したのは2002年のことだ。パリ〜ニースでステージ2勝を挙げると、ジロ・デ・イタリアでもステージ2勝、そしてツールでもステージ2勝を果たし、同時にマイヨヴェールまで獲得してしまったのである。続く世界選では優勝したマリオ・チポッリーニに次いで2位に入り、スプリンターとして超一流であることを証明した。

03年にはジロでステージ2勝を、04年にはツールでもステージ2勝を挙げるとともに2度目のマイヨヴェールを獲得。そして、05年にはジロとツールでそれぞれステージ3勝を挙げている。06年にも

マキュアンの豪脚を支えたベントフォーク

リドレー・ダモクレスに標準装備されていたストレートフォークは、先端が細身でショック吸収性に富んでいた。もちろん、それはパヴェ（石畳）を走るための工夫だったのだが、ツールでは荒れた石畳を通ることは希だ。そこでマキュアンは先端まで太めに作られていた同社のベントフォークに差し替えて、05ツールを走ったのである

これがダモクレスオリジナルのストレートフォークだ。先端のほうが細くなっていることがわかるだろう

ジロとツールでそれぞれステージ3勝を挙げ、ツールでは3度目のマイヨヴェール獲得を果たし、その安定した強さを世間に知らしめることとなった。07年にもジロとツールでそれぞれステージ1勝を挙げている。

　08年にはジロとツールのステージ優勝はなかったもののヴァッテンフォール・サイクラシックスを制し、グランツールのステージ以外でも勝てることを証明した。また、パリ～ブリュッセルにだけはめっぽう強く、02年に初優勝すると、05～08年に4連勝し、通算5勝を記録している。強豪ひしめくオーストラリア選手権で02年と05年の2回の勝利を収めていることも特筆に値するだろう。

　2009～2010年にカチューシャに、2011年にはレディオシャックに在籍し、相変わらず非凡なレースセンスを見せ続けてくれたが、2012年に在籍した母国の新チーム「グリーンエッジ」を最後に惜しまれつつ現役を引退した。

フロントフォークの剛性感にこだわった

　そんなマキュアンは、バイクに関しては特にうるさい選手ではなかった。供給される機材に文句を言うこともなく、何でも乗りこなしていた。しかし、絶頂期の05年ツールでちょっと面白いこだわりをみせてくれた。その年はダヴィタモン・ロットに所属していて、リドレーのバイクに乗っていたのだが、メインバイク「ダモクレス」の細身のストレートフォークが気に入らなかったのか、少々太めのベントフォークに差し替えて使用していたのである。

ダヴィタモン・ロットのメカニックに話を聞くと、「ストレートが気に入らずベントにしたのではなく、あくまでも剛性感の好みだよ。ダモクレスのストレートフォークはパヴェ（石畳）でのショック吸収性を重視しているので、先端が少々細身なんだ。パヴェではいいんだけど、ゴール前のスプリントでは少々腰砕けしちゃうんだよ。だからマキュアンは剛性感の高いフォークに差し替えたんだ。それがたまたまベントフォークだったんだよ」と教えてくれた。

考えてみると、マキュアンはＢＭＸ出身のライダーだ。ロードだけで育ってきた選手と比べると、バイクコントロール能力が並外れている。どんな混戦になってもまず落車することがなかったのもそのおかげだ。時にはゴール前で反則すれすれの斜行をしたり、ヘルメットで隣の選手に頭突きをすることもあった。マキュアンはトレインを組まなくても勝てる選手だったが、その要因は並外れたバイクコントロール能力にあったのだ。そして、マキュアンにとってコントロール性の高い剛性感のあるフォークが頼りになったことは、誰でも容易に想像できるだろう。

また、これは余談だが、マキュアンはＢＭＸ時代に培ったウィリーやジャックナイフ、バニーホップといった技をしばしばロードバイクで披露してくれた。もちろん、これらの技を見せるために剛性感の高いフォークをチョイスしたわけではないのだが、結果としてこのベントフォークに差し替えたおかげで、ずいぶんと技がやりやすくなったのである。

【写真協力】

A.S.O., Campagnolo S.p.A., Cycle Europe (Bianchi),
Colnago Ernesto & C S.r.l., De Rosa Ugo & Figli S.n.c.,
Eddy Merckx Cycles, 株式会社ジャイアント, Look Cycle International,
Mavic SA, Cicli Pinarello S.r.l. RCS Sport, 株式会社シマノ,
Sram LLC, Time Sport International

EPILOGUE

本書は月刊「バイシクルクラブ」に連載していた「ヒーローたちの相棒」を一冊にまとめたものである。気がつくと連載を開始してから3年以上が経過していて、「書籍化するのに十分な量になったから」という単純な理由で今回の書籍化に至った次第である。しかし、個人的にはぜんぜん書き足りていない。まだまだご紹介したかった「こだわりの逸品」とそれにまつわる「ちょっとイイ話」がたくさんあるからだ。

たとえば、ローラン・ジャラベール（フランス）は1997年のツール・ド・フランスで、それまで乗っていたルック・KG171から、ハイモジュラスカーボンを使った新作KG181に乗り換えたのだが、そのフィーリングが気に入らず、秋からは再び旧型のKG171に戻し、ジロ・ディ・ロンバルディアを制している。また、先日引退したアレッサンドロ・ペタッキ（イタリア）はファッサボルトロ時代、マグネシウム製のピナレロ・ドグマで勝ちまくったし、ルド・ディルクセンス（ベルギー）は2001年のランプレ時代、他のチームメイトがすべてアルミフレームに乗っているのに、最後までスチールフレームにこだわり、ツールなどのメジャーレースでもずっと乗り続けていた。このような「こだわりの話」は、まだ枚挙にいとまがないのである。

とはいえ、どこかで踏ん切りをつけないと、きりがないのも事実。ツール・ド・フランスが100回大会を迎えた節目の年でもあるし、ちょうどよい潮時だったのかもしれない。いつか機会があったら、まだまだ紹介しきれなかったお話もまとめられたらと思う。

仲沢　隆

超一流自転車選手の愛用品

著者　仲沢 隆

2013年8月10日　第一版第一刷発行
発行人　角 謙二
発行・発売　株式会社枻(えい)出版社
〒158-0096 東京都世田谷区玉川台2-13-2
販売部TEL03-3708-5181
印刷・製本　大日本印刷株式会社

ISBN978-4-7779-2903-0

定価はカバーに表示してあります。
万一、落丁・乱丁の場合は、お取り替え致します。

for tasty life
枻出版社